Python
网络爬虫从入门到实践 第2版

唐松 编著

图书在版编目（CIP）数据

Python网络爬虫从入门到实践 / 唐松编著.—2版.—北京：机械工业出版社，2019.6
（2022.1重印）

ISBN 978-7-111-62687-9

Ⅰ. ①P… Ⅱ. ①唐… Ⅲ. ①软件工具 – 程序设计 Ⅳ. ①TP311.561

中国版本图书馆CIP数据核字（2019）第087202号

使用 Python 编写网络爬虫程序获取互联网上的大数据是当前的热门专题。本书内容包括三部分：基础部分、进阶部分和项目实践部分。基础部分（第 1~7 章）主要介绍爬虫的三个步骤——获取网页、解析网页和存储数据，通过诸多示例的讲解，让读者从基础内容开始系统性地学习爬虫技术，并在实践中提升 Python 爬虫水平。进阶部分（第 8~13 章）包括多线程的并发和并行爬虫、分布式爬虫、更换 IP 等，帮助读者进一步提升爬虫水平。项目实践部分（第 14~17 章）使用本书介绍的爬虫技术对几个真实的网站进行抓取，让读者能在读完本书后根据自己的需求写出爬虫程序。

无论你是否有编程基础，只要对爬虫技术感兴趣，本书就能带领你从入门到实战再到进阶，一步步了解爬虫，最终写出自己的爬虫程序。

Python 网络爬虫从入门到实践 第 2 版

出版发行：机械工业出版社（北京市西城区百万庄大街 22 号 邮政编码：100037）
责任编辑：夏非彼 迟振春 责任校对：周晓娟
印　　刷：中国电影出版社印刷厂 版　次：2022 年 1 月第 2 版第 7 次印刷
开　　本：170mm×242mm 1/16 印　张：18.25
书　　号：ISBN 978-7-111-62687-9 定　价：69.00 元

凡购本书，如有缺页、倒页、脱页，由本社发行部调换
客服热线：（010）88379426 88361066 投稿热线：（010）88379604
购书热线：（010）68326294 读者信箱：hzjsj@hzbook.com

版权所有•侵权必究
封底无防伪标均为盗版

本书法律顾问：北京大成律师事务所 韩光/邹晓东

前　言

近年来，大数据成为业界与学术界的热门话题之一，数据已经成为每个公司极为重要的资产。互联网上大量的公开数据为个人和公司提供了以往想象不到的可以获取的数据量，而掌握网络爬虫技术可以帮助你获取这些有用的公开数据集。

执笔本书的起因是我打算在知乎上写博客向香港中文大学市场营销学的研究生讲解 Python 网络爬虫技术，让这些商科学生掌握一些大数据时代重要的技术。因此，本书除了面向技术人员外，还面向不懂编程的"小白"，希望能够将网络爬虫学习的门槛降低，让大家都能享受到使用网络爬虫编程的乐趣。过去的一年中，本书第 1 版帮助很多读者开启了 Python 和网络爬虫的世界，因此有幸获得出版社的邀请，在之前版本的基础上进行修改，更新书中的案例以及添加新的内容，形成第 2 版。

本书所有代码均在 Python 3.6 中测试通过，并存放在 Github 和百度网盘上：Github 链接为 https://github.com/Santostang/PythonScraping；百度网盘链接为 https://pan.baidu.com/s/14RA8Srew8tbqVT977JDvNw，提取码为 h2kf。为了方便大家练习 Python 网络爬虫，我专门搭建了一个博客网站用于 Python 网络爬虫的教学，本书的教学部分全部基于爬取我的个人博客网（www.santostang.com）。一方面，由于这个网站不会更改设计和框架，因此本书的网络爬虫代码可以一直使用；另一方面，由于这是我自己的博客网站，因此可以避免一些法律上的风险。

读者对象

（1）对 Python 编程和网络爬虫感兴趣的大专院校师生，需要获取数据进行分析；

（2）打算转行或入行爬虫工程师、数据分析师、数据科学家的人士；

（3）需要使用网络爬虫技术自动获取数据分析的各行业人士。

勘误和支持

由于作者水平和能力有限，编写时间仓促，不妥之处在所难免，希望读者批评指正。本书的读者 QQ 群为 798652826，欢迎读者加群交流。另外，也可以到我的博客 www.santostang.com 反馈意见，欢迎读者和网络爬虫爱好者不吝赐教。

如何阅读本书

本书分为 17 章。

第 1~7 章为基础部分，主要介绍 Python 入门，Python 网络爬虫的获取网页、解析网页和存储数据三个流程，以及 Scrapy 爬虫框架。这部分每一章的最后都有自我实践题，读者可以通过实践题熟悉 Python 爬虫代码的编写。

第 8~13 章为进阶部分，主要介绍多线程和多进程爬虫、反爬虫、服务器爬虫和分布式爬虫等进阶爬虫技术，这部分为你在爬虫实践中遇到的问题提供了解决方案。

第 14~17 章为项目实践部分，每一章包含一个详细的爬虫案例，每个案例都覆盖之前章节的知识，让你在学习 Python 爬虫后，可以通过在真实网站中练习来消化和吸收 Python 爬虫的知识。

本书几乎每章都使用案例来学习 Python 网络爬虫，希望告诉读者"通过实战解决实际问题，才能高效地学习新知识"。手输代码，练习案例，才是学习 Python 和网络爬虫的有效方法。

致谢

首先感谢卞诚君老师在我写书过程中给予的指导和帮助。没有他的提议，我不会想到将自己的网络爬虫博客整理成一本书出版，更不会有本书的第 2 版。

从转行数据分析，到申请去康奈尔大学读书，再到回国做数据分析师，我在计算机技术和数据科学的道路上，得到了无数贵人的帮助和提携。首先感谢刘建南教授带我进入了数据挖掘的大门，无私地将数据挖掘、营销知识和经验倾囊相授，您是我的启蒙老师，也是我一生的恩师。

感谢腾讯公司商业分析组和数据服务中心的各位同事，特别感谢我的组长张殿鹏和导师王欢，他们耐心地培养和教导我如何成为一名优秀的数据分析师，让我放手去挑战和尝试不同项目，坚持将数据分析的成果落地。

感谢一路走来，支持我、帮助我的前辈和朋友，包括香港中文大学的教授和朋友——马旭飞教授、李宜威博士、数据科学家周启航、数据分析师赵作栋、数据分析师王礼斌以及好友孙成帅、张蓓等，康奈尔大学的同学——数据科学家汤心韵等、思路富邦有限公司总裁陈智铨、数据科学家吴嘉杰。尤其感谢 IBM 香港 CTO 戴剑寒博士、香港中文大学（深圳）校长讲席教授贾建民博士、TalkingData 腾云大学执行校长杨慧博士和 DaoCloud 首席架构师王天青在百忙中热情地为本书写推荐语。

感谢我的父母、妹妹和女朋友给我一贯的支持和帮助！

唐松

中国深圳

目 录

前言
第1章 网络爬虫入门 1
  1.1 为什么要学网络爬虫 2
    1.1.1 网络爬虫能带来什么好处 2
    1.1.2 能从网络上爬取什么数据 3
    1.1.3 应不应该学爬虫 3
  1.2 网络爬虫是否合法 3
    1.2.1 Robots 协议 4
    1.2.2 网络爬虫的约束 5
  1.3 网络爬虫的基本议题 6
    1.3.1 Python 爬虫的流程 7
    1.3.2 三个流程的技术实现 7
第2章 编写第一个网络爬虫 9
  2.1 搭建 Python 平台 10
    2.1.1 Python 的安装 10
    2.1.2 使用 pip 安装第三方库 12
    2.1.3 使用编辑器 Jupyter 编程 13
    2.1.4 使用编辑器 Pycharm 编程 15
  2.2 Python 使用入门 18
    2.2.1 基本命令 18
    2.2.2 数据类型 19
    2.2.3 条件语句和循环语句 21
    2.2.4 函数 23
    2.2.5 面向对象编程 24
    2.2.6 错误处理 28
  2.3 编写第一个简单的爬虫 29
    2.3.1 第一步：获取页面 29
    2.3.2 第二步：提取需要的数据 30
    2.3.3 第三步：存储数据 32

2.4　Python 实践：基础巩固 33
　　2.4.1　Python 基础试题 34
　　2.4.2　参考答案 35
　　2.4.3　自我实践题 38

第3章　静态网页抓取 39
3.1　安装 Requests 40
3.2　获取响应内容 40
3.3　定制 Requests 41
　　3.3.1　传递 URL 参数 41
　　3.3.2　定制请求头 42
　　3.3.3　发送 POST 请求 43
　　3.3.4　超时 44
3.4　Requests 爬虫实践：TOP250 电影数据 44
　　3.4.1　网站分析 45
　　3.4.2　项目实践 45
　　3.4.3　自我实践题 47

第4章　动态网页抓取 48
4.1　动态抓取的实例 49
4.2　解析真实地址抓取 50
4.3　通过 Selenium 模拟浏览器抓取 55
　　4.3.1　Selenium 的安装与基本介绍 55
　　4.3.2　Selenium 的实践案例 57
　　4.3.3　Selenium 获取文章的所有评论 58
　　4.3.4　Selenium 的高级操作 61
4.4　Selenium 爬虫实践：深圳短租数据 64
　　4.4.1　网站分析 64
　　4.4.2　项目实践 66
　　4.4.3　自我实践题 69

第5章　解析网页 70
5.1　使用正则表达式解析网页 71
　　5.1.1　re.match 方法 71
　　5.1.2　re.search 方法 74
　　5.1.3　re.findall 方法 74
5.2　使用 BeautifulSoup 解析网页 76
　　5.2.1　BeautifulSoup 的安装 76

	5.2.2	使用 BeautifulSoup 获取博客标题	77
	5.2.3	BeautifulSoup 的其他功能	78
5.3	使用 lxml 解析网页		82
	5.3.1	lxml 的安装	82
	5.3.2	使用 lxml 获取博客标题	82
	5.3.3	XPath 的选取方法	84
5.4	总结		85
5.5	BeautifulSoup 爬虫实践：房屋价格数据		86
	5.5.1	网站分析	86
	5.5.2	项目实践	87
	5.5.3	自我实践题	89

第 6 章 数据存储 ... 90

6.1	基本存储：存储至 TXT 或 CSV		91
	6.1.1	把数据存储至 TXT	91
	6.1.2	把数据存储至 CSV	93
6.2	存储至 MySQL 数据库		94
	6.2.1	下载安装 MySQL	95
	6.2.2	MySQL 的基本操作	99
	6.2.3	Python 操作 MySQL 数据库	104
6.3	存储至 MongoDB 数据库		106
	6.3.1	下载安装 MongoDB	107
	6.3.2	MongoDB 的基本概念	110
	6.3.3	Python 操作 MongoDB 数据库	112
	6.3.4	RoboMongo 的安装与使用	113
6.4	总结		115
6.5	MongoDB 爬虫实践：虎扑论坛		116
	6.5.1	网站分析	116
	6.5.2	项目实践	117
	6.5.3	自我实践题	123

第 7 章 Scrapy 框架 ... 124

7.1	Scrapy 是什么		125
	7.1.1	Scrapy 架构	125
	7.1.2	Scrapy 数据流（Data Flow）	126
	7.1.3	选择 Scrapy 还是 Requests+bs4	127
7.2	安装 Scrapy		128

- 7.3 通过 Scrapy 抓取博客 128
  - 7.3.1 创建一个 Scrapy 项目 128
  - 7.3.2 获取博客网页并保存 129
  - 7.3.3 提取博客标题和链接数据 131
  - 7.3.4 存储博客标题和链接数据 133
  - 7.3.5 获取文章内容 134
  - 7.3.6 Scrapy 的设置文件 136
- 7.4 Scrapy 爬虫实践：财经新闻数据 137
  - 7.4.1 网站分析 137
  - 7.4.2 项目实践 138
  - 7.4.3 自我实践题 141

第 8 章 提升爬虫的速度 142
- 8.1 并发和并行，同步和异步 143
  - 8.1.1 并发和并行 143
  - 8.1.2 同步和异步 143
- 8.2 多线程爬虫 144
  - 8.2.1 简单的单线程爬虫 145
  - 8.2.2 学习 Python 多线程 145
  - 8.2.3 简单的多线程爬虫 148
  - 8.2.4 使用 Queue 的多线程爬虫 150
- 8.3 多进程爬虫 153
  - 8.3.1 使用 multiprocessing 的多进程爬虫 153
  - 8.3.2 使用 Pool + Queue 的多进程爬虫 155
- 8.4 多协程爬虫 158
- 8.5 总结 160

第 9 章 反爬虫问题 163
- 9.1 为什么会被反爬虫 164
- 9.2 反爬虫的方式有哪些 164
  - 9.2.1 不返回网页 165
  - 9.2.2 返回非目标网页 165
  - 9.2.3 获取数据变难 166
- 9.3 如何"反反爬虫" 167
  - 9.3.1 修改请求头 167
  - 9.3.2 修改爬虫的间隔时间 168
  - 9.3.3 使用代理 171

第 10 章 解决中文乱码 ... 173
- 10.1 什么是字符编码 ... 174
- 10.2 Python 的字符编码 ... 176
- 10.3 解决中文编码问题 ... 179
  - 10.3.1 问题 1：获取网站的中文显示乱码 ... 179
  - 10.3.2 问题 2：非法字符抛出异常 ... 180
  - 10.3.3 问题 3：网页使用 gzip 压缩 ... 181
  - 10.3.4 问题 4：读写文件的中文乱码 ... 182
- 10.4 总结 ... 184

第 11 章 登录与验证码处理 ... 185
- 11.1 处理登录表单 ... 186
  - 11.1.1 处理登录表单 ... 186
  - 11.1.2 处理 cookies，让网页记住你的登录 ... 190
  - 11.1.3 完整的登录代码 ... 193
- 11.2 验证码的处理 ... 194
  - 11.2.1 如何使用验证码验证 ... 195
  - 11.2.2 人工方法处理验证码 ... 197
  - 11.2.3 OCR 处理验证码 ... 200
- 11.3 总结 ... 203

第 12 章 服务器采集 ... 204
- 12.1 为什么使用服务器采集 ... 205
  - 12.1.1 大规模爬虫的需要 ... 205
  - 12.1.2 防止 IP 地址被封杀 ... 205
- 12.2 使用动态 IP 拨号服务器 ... 206
  - 12.2.1 购买拨号服务器 ... 206
  - 12.2.2 登录服务器 ... 206
  - 12.2.3 使用 Python 更换 IP ... 208
  - 12.2.4 结合爬虫和更换 IP 功能 ... 209
- 12.3 使用 Tor 代理服务器 ... 210
  - 12.3.1 Tor 的安装 ... 211
  - 12.3.2 Tor 的使用 ... 213

（9.3.4 更换 IP 地址 ... 172
9.3.5 登录获取数据 ... 172
9.4 总结 ... 172）

第 13 章　分布式爬虫 218
13.1　安装 Redis 219
13.2　修改 Redis 配置 222
13.2.1　修改 Redis 密码 222
13.2.2　让 Redis 服务器被远程访问 222
13.2.3　使用 Redis Desktop Manager 管理 223
13.3　Redis 分布式爬虫实践 223
13.3.1　安装 Redis 库 224
13.3.2　加入任务队列 224
13.3.3　读取任务队列并下载图片 225
13.3.4　分布式爬虫代码 226
13.4　总结 228

第 14 章　爬虫实践一：维基百科 229
14.1　项目描述 230
14.1.1　项目目标 230
14.1.2　项目描述 230
14.1.3　深度优先和广度优先 232
14.2　网站分析 233
14.3　项目实施：深度优先的递归爬虫 235
14.4　项目进阶：广度优先的多线程爬虫 237
14.5　总结 241

第 15 章　爬虫实践二：知乎 Live 242
15.1　项目描述 243
15.2　网站分析 243
15.3　项目实施 245
15.3.1　获取所有 Live 245
15.3.2　获取 Live 的听众 248
15.4　总结 251

第 16 章　爬虫实践三：百度地图 API 252
16.1　项目描述 253
16.2　获取 API 秘钥 254
16.3　项目实施 255
16.3.1　获取所有拥有公园的城市 257
16.3.2　获取所有城市的公园数据 258
16.3.3　获取所有公园的详细信息 262

16.4 总结 266

第17章 爬虫实践四：畅销书籍 267

17.1 项目描述 268
17.2 网站分析 268
17.3 项目实施 270
  17.3.1 获取亚马逊的图书销售榜列表 270
  17.3.2 获取所有分类的销售榜 274
  17.3.3 获取图书的评论 276
17.4 总结 279

第 1 章

◀ 网络爬虫入门 ▶

网络爬虫就是自动地从互联网上获取程序。想必你听说过这个词汇,但是又不太了解,会觉得掌握网络爬虫还是要花一些工夫的,因此这个门槛让你有点望而却步。

我常常觉得计算机和互联网的发明给人类带来了如此大的方便,让人们不用阅读说明书就能知道如何上手,但是偏偏编程的道路又是如此艰辛。因此,本书尽可能地做到浅显易懂,希望能够将网络爬虫学习的门槛降低,大家都能享受到使用网络爬虫编程的快乐。

本书的第 1 章将介绍网络爬虫的基础部分,包括学习网络爬虫的原因、网络爬虫带来的价值、网络爬虫是否合法以及网络爬虫的基本议题和框架。让读者在开始学习爬虫之前理解为什么学习、要学什么内容。

1.1 为什么要学网络爬虫

在数据量爆发式增长的互联网时代,网站与用户的沟通本质上是数据的交换:搜索引擎从数据库中提取搜索结果,将其展现在用户面前;电商将产品的描述、价格展现在网站上,以供买家选择心仪的产品;社交媒体在用户生态圈的自我交互下产生大量文本、图片和视频数据等。这些数据如果得以分析利用,不仅能够帮助第一方企业(拥有这些数据的企业)做出更好的决策,对于第三方企业也是有益的。而网络爬虫技术,则是大数据分析领域的第一个环节。

1.1.1 网络爬虫能带来什么好处

大量企业和个人开始使用网络爬虫采集互联网的公开数据。那么对于企业而言,互联网上的公开数据能够带来什么好处呢?这里将用国内某家知名家电品牌举例说明。

作为一个家电品牌,电商市场的重要性日益凸显。该品牌需要及时了解对手的产品特点、价格以及销量情况,才能及时跟进产品开发进度和营销策略,从而知己知彼,赢得竞争。过去,为了获取对手产品的特点,产品研发部门会手动访问一个个电商产品页面,人工复制并粘贴到 Excel 表格中,制作竞品分析报告。但是这种重复性的手动工作不仅浪费宝贵的时间,一不留神复制少了一个数字还会导致数据错误;此外,竞争对手的销量则是由某一家咨询公司提供报告,每周一次,但是报告缺乏实时性,难以针对快速多变的市场及时调整价格和营销策略。针对上述两个痛点——无法自动化和无法实时获取,本书介绍的网络爬虫技术都能够很好地解决,实现实时自动化获取数据。

上面的例子仅为数据应用的冰山一角。近几年来,随着大数据分析的火热,毕竟有数据才能进行分析,网络爬虫技术已经成为大数据分析领域的第一个环节。

对于这些公开数据的应用价值,我们可以使用 KYC 框架来理解,也就是 Know Your Company(了解你的公司)、Know Your Competitor(了解你的竞争对手)、Know Your Customer(了解你的客户)。通过简单描述性分析,这些公开数据就可以带来很大的商业价值。进一步讲,通过深入的机器学习和数据挖掘,在营销领域可以帮助企业做好 4P(Product:产品创新,Place:智能选址,Price:动态价格,Promotion:个性化营销活动);在金融领域,大数据征信、智能选股等应用会让公开数据带来越来越大的价值。

1.1.2 能从网络上爬取什么数据

简单来说，平时在浏览网站时，所有能见到的数据都可以通过爬虫程序保存下来。从社交媒体的每一条发帖到团购网站的价格及点评，再到招聘网站的招聘信息，这些数据都可以存储下来。

1.1.3 应不应该学爬虫

正在准备继续阅读本书的读者可能会问自己：我应不应该学爬虫？

这也是我之前问自己的一个问题，作为一个本科是商学院的学生，面对着技术创新驱动变革的潮流，我还是自学了 Python 的网络爬虫技术，从此踏入了编程的世界。对于编程小白而言，入门网络爬虫并没有想象中那么困难，困难的是你有没有踏出第一步。

我认为，对于任何一个与互联网有关的从业人员，无论是非技术的产品、运营或营销人员，还是前端、后端的程序员，都应该学习网络爬虫技术。

一方面，网络爬虫简单易学、门槛很低。没有任何编程基础的人在认真看完本书的爬虫基础内容后，都能够自己完成简单的网络爬虫任务，从网站上自动获取需要的数据。

另一方面，网络爬虫不仅能使你学会一项新的技术，还能让你在工作的时候节省大量的时间。如果你对网络爬虫的世界有兴趣，就算你不懂编程也不要担心，本书将会深入浅出地为你讲解网络爬虫。

1.2 网络爬虫是否合法

网络爬虫合法吗？

网络爬虫领域目前还属于早期的拓荒阶段，虽然互联网世界已经通过自身的协议建立起一定的道德规范（Robots 协议），但法律部分还在建立和完善中。从目前的情况来看，如果抓取的数据属于个人使用或科研范畴，基本不存在问题；而如果数据属于商业盈利范畴，就要就事而论，有可能属于违法行为，也有可能不违法。

1.2.1 Robots 协议

Robots 协议（爬虫协议）的全称是"网络爬虫排除标准"（Robots Exclusion Protocol），网站通过 Robots 协议告诉搜索引擎哪些页面可以抓取，哪些页面不能抓取。该协议是国际互联网界通行的道德规范，虽然没有写入法律，但是每一个爬虫都应该遵守这项协议。

下面以淘宝网的 robots.txt 为例进行介绍。

这里仅截取部分代码，查看完整代码可以访问 https://www.taobao.com/robots.txt。

```
User-agent: Baiduspider    #百度爬虫引擎
Allow: /article            #允许访问/article.htm、/article/12345.com
Allow: /oshtml
Allow: /ershou
Disallow: /product/        #禁止访问/product/12345.com
Disallow: /                #禁止访问除Allow规定页面外的其他所有页面

User-Agent: Googlebot      #谷歌爬虫引擎
Allow: /article
Allow: /oshtml
Allow: /product            #允许访问/product.htm、/product/12345.com
Allow: /spu
Allow: /dianpu
Allow: /wenzhang
Allow: /oversea
Disallow: /
```

在上面的 robots 文件中，淘宝网对用户代理为百度爬虫引擎进行了规定。

以 Allow 项的值开头的 URL 是允许 robot 访问的。例如，Allow：/article 允许百度爬虫引擎访问/article.htm、/article/12345.com 等。

以 Disallow 项为开头的链接是不允许百度爬虫引擎访问的。例如，Disallow：/product/不允许百度爬虫引擎访问/product/12345.com 等。

最后一行，Disallow：/禁止百度爬虫访问除了 Allow 规定页面外的其他所有页面。

因此，当你在百度搜索"淘宝"的时候，搜索结果下方的小字会出现："由于该网站的 robots.txt 文件存在限制指令（限制搜索引擎抓取），系统无法提供该页面的内容描述"，如图 1-1 所示。百度作为一个搜索引擎，良好地遵守了淘宝网的 robot.txt 协议，所以你是不能从百度上搜索到淘宝内部的产品信息的。

图 1-1　百度搜索提示

淘宝的 Robots 协议对谷歌爬虫的待遇则不一样，和百度爬虫不同的是，它允许谷歌爬虫爬取产品的页面 Allow：/product。因此，当你在谷歌搜索"淘宝 iphone7"的时候，可以搜索到淘宝中的产品，如图 1-2 所示。

图 1-2　谷歌搜索的信息

当你爬取网站数据时，无论是否仅供个人使用，都应该遵守 Robots 协议。

1.2.2　网络爬虫的约束

除了上述 Robots 协议之外，我们使用网络爬虫的时候还要对自己进行约束：过于快速或者频密的网络爬虫都会对服务器产生巨大的压力，网站可能封锁你的 IP，甚至采取进一步的法律行动。因此，你需要约束自己的网络爬虫行为，将请求的速度限定在一个合理的范围之内。

 本书中的爬虫仅用于学习、研究用途，请不要用于非法用途。任何由此引发的法律纠纷，请自行负责。

实际上，由于网络爬虫获取的数据带来了巨大的价值，网络爬虫逐渐演变成一场网站方与爬虫方的战争，你的矛长一寸，我的盾便厚一寸。在携程技术微分享上，携程酒店研发部研发经理崔广宇分享过一个"三月爬虫"的故事，也就是每年的三月份会迎来一个爬虫高峰期。因为有大量的大学生五月份交论文，在写论文的时候会选择爬取数据，也就是三月份爬取数据，四月份分析数据，五月份交论文。

因此，各大互联网巨头也已经开始调集资源来限制爬虫，保护用户的流量和减少有价值数据的流失。

2007 年，爱帮网利用垂直搜索技术获取了大众点评网上的商户简介和消费者点评，并且直接大量使用。大众点评网多次要求爱帮网停止使用这些内容，而爱帮网以自己是使用垂直搜索获得的数据为由，拒绝停止抓取大众点评网上的内容，并且质疑大众点评网对这些内容所享有的著作权。为此，双方开打了两场官司。2011 年 1 月，北京海淀法院做出判决：爱帮网侵犯大众点评网著作权成立，应当停止侵权并赔偿大众点评网经济损失和诉讼必要支出。

2013 年 10 月，百度诉 360 违反 Robots 协议。百度方面认为，360 违反了 Robots 协议，擅自抓取、复制百度网站内容并生成快照向用户提供。2014 年 8 月 7 日，北京市第一中级人民法院做出一审判决，法院认为被告奇虎 360 的行为违反了《反不正当竞争法》相关规定，应赔偿原告百度公司 70 万元。

虽然说大众点评上的点评数据、百度知道的问答由用户创建而非企业，但是搭建平台需要投入运营、技术和人力成本，所以平台拥有对数据的所有权、使用权和分发权。

以上两起败诉告诉我们，在爬取网站的时候需要限制自己的爬虫，遵守 Robots 协议和约束网络爬虫程序的速度；在使用数据的时候必须遵守网站的知识产权。如果违反了这些规定，很可能会吃官司，并且败诉的概率相当高。

1.3 网络爬虫的基本议题

对于网络爬虫技术的学习，其他教学很少有从整体结构来说的，多数是直接放出某部分代码。这样的方法会使初学者摸不着头脑：就好像是盲人摸象，有人摸到的是象腿，以为是一根大柱子；有人摸到的是大象耳朵，以为是一把大蒲扇等。因此，在开始第一个爬虫之前，本书先从宏观角度出发说清楚两个问题：

- Python 爬虫的流程是怎样的？
- 三个流程的技术实现是什么？

值得说明的是，本书选择了 Python 3 作为开发语言，现在 Python 最新版为 Python 3.7。熟悉 Python 2 的读者可以在本书代码的基础上稍加改动，用 Python 2 运行。值得注意的是，Python 2 即将在 2020 年 1 月 1 日停止支持，因此建议初学者直接安装 Python 3 进行学习。

由于本书的潜在读者多数使用 Windows 操作系统，因此本书大部分实例都是基于 Windows 编写和运行的。如果使用的是 Linux 和 Mac OS 操作系统，在搭建好 Python 平台之后也可以直接运行本书中的代码。

1.3.1　Python 爬虫的流程

网络爬虫的流程其实非常简单，主要可以分为三部分：（1）获取网页；（2）解析网页（提取数据）；（3）存储数据。

（1）获取网页就是给一个网址发送请求，该网址会返回整个网页的数据。类似于在浏览器中键入网址并按回车键，然后可以看到网站的整个页面。

（2）解析网页就是从整个网页的数据中提取想要的数据。类似于你在页面中想找到产品的价格，价格就是你要提取的数据。

（3）存储数据也很容易理解，就是把数据存储下来。我们可以存储在 csv 中，也可以存储在数据库中。

1.3.2　三个流程的技术实现

下面列出三个流程的技术实现，括号里是对应的章节。

1. 获取网页

获取网页的基础技术：requests、urllib 和 selenium（3&4）。

获取网页的进阶技术：多进程多线程抓取(8)、登录抓取（12）、突破 IP 封禁（9）和使用服务器抓取（12）。

2. 解析网页

解析网页的基础技术：re 正则表达式、BeautifulSoup 和 lxml（5）。

解析网页的进阶技术：解决中文乱码（10）。

3. 存储数据

存储数据的基础技术：存入 txt 文件和存入 csv 文件（6）。

存储数据的进阶技术：存入 MySQL 数据库和 MongoDB 数据库（6）。

除此之外，第 7 章介绍 Scrapy 爬虫框架，第 13 章也会介绍分布式爬虫。

本书的使用方法：第 1 章到第 7 章是网络爬虫的基础，建议大家按顺序读；

第 8 章到第 13 章是进阶部分，大家可以选择自己感兴趣的内容跳跃阅读。之后可以阅读第 14 章到第 17 章，通过项目实践消化和吸收 Python 爬虫的知识。

如果对于上述技术不熟悉的读者也不必担心，本书将会对其中的技术进行讲解，力求做到深入浅出。

第 2 章

◀ 编写第一个网络爬虫 ▶

笔者是一个喜欢学习的人，自学了各方面的知识，总结发现：学习的动力来自于兴趣，兴趣则来自于动手做出成果的快乐。因此，笔者特意将动手的乐趣提前。在第 2 章，读者就可以体会到通过完成一个简单的 Python 网络爬虫而带来的乐趣。希望这份喜悦能让你继续学习本书的其他内容。

本章主要介绍如何安装 Python 和编辑器 Jupyter、Python 的一些基础语法以及编写一个最简单的 Python 网络爬虫。

2.1 搭建 Python 平台

Python 是一种计算机程序语言，由于其简洁性、易学性和可扩展性，已成为最受欢迎的程序语言之一。在 2016 年最受欢迎的编程语言中，Python 已经超过 C++排名第 3 位。另外，由于 Python 拥有强大而丰富的库，因此可以用来处理各种工作。

在网络爬虫领域，由于 Python 简单易学，又有丰富的库可以很好地完成工作，因此很多人选择 Python 进行网络爬虫。

2.1.1 Python 的安装

Python 的安装主要有两种方式：一是直接下载 Python 安装包安装，二是使用 Anaconda 科学计算环境下载 Python。

根据笔者的经验，这两种方式也对应着用 Python 来爬虫的两类人群：如果你希望成为 Python 开发人员或者爬虫工程师，笔者推荐你直接下载 Python 安装包，配合着 Pycharm 编辑器，这将提升你的开发效率；如果你希望成为数据分析师或者商业分析师，爬虫只是方便之后做数据分析，笔者推荐你使用 Anaconda，配合着自带的 Jupyter Notebook，这会提升你的分析效率。

由于网络爬虫需要较多的代码调试，因此我推荐初学者使用 Anaconda。因为 Anaconda 除了包含了 Python 安装包，还提供了众多科学计算的第三方库，如 Numpy、Scipy、Pandas 和 Matplotlib 等，以及机器学习库，如 Scikit-Learn 等。而且它并不妨碍你之后使用 Pycharm 开发。

请读者选择一种下载，不要两种都用，不然会带来 Python 版本管理的混乱。

第一种方法：Anaconda 的安装十分简单，只需两步即可完成。下面将介绍在 Windows 下安装 Anaconda 的步骤，在 Mac 下的安装方法与此类似。

步骤 01　下载 Anaconda。打开 Anaconda 官方网站下载页面 https://www.anaconda.com/download/，下载最新版的 Anaconda。如果在国内访问，推荐使用清华大学的镜像 https://mirrors.tuna.tsinghua.edu.cn/anaconda/archive/。如图 2-1 所示。

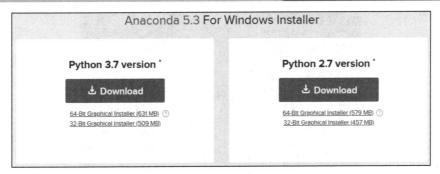

图 2-1　选择下载的 Python 版本

步骤02　安装 Anaconda。双击打开 Anaconda 安装文件，就像安装普通软件一样，直接单击 Install 安装即可。注意，在图 2-2 所示的对话框中勾选第一个和第二个复选框。按照提示操作后，安装即可。

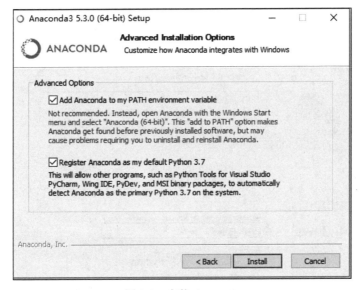

图 2-2　安装 Anaconda

第二种方法：使用 Python 安装包方法也非常简单。下面将介绍在 Windows 下安装的步骤，在 Mac 下的安装方法类似。

步骤01　下载 Python。打开 Python 下载页面 https://www.python.org/downloads/，下载最新版的 Python，如图 2-3 所示。

图 2-3　点击下载 Python

步骤02　安装 Python。双击打开 Python 安装文件，选择 Add Python 3.7 to PATH，之后单击 InstallNow 安装即可。

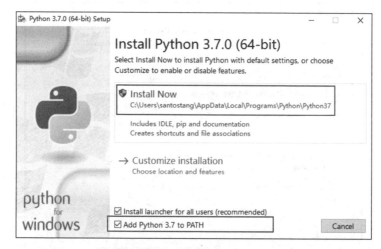

图 2-4　安装 Python

2.1.2　使用 pip 安装第三方库

pip 是 Python 安装各种第三方库（package）的工具。

对于第三方库不太理解的读者，可以将库理解为供用户调用的代码组合。在安装某个库之后，可以直接调用其中的功能，使得我们不用自己写代码也能实现某个功能。这就像你为计算机杀毒时，会选择下载一个杀毒软件，而不是自己写一个杀毒软件，直接使用杀毒软件中的杀毒功能来杀毒就可以了。这个比方中的杀毒软件就像是第三方库，杀毒功能就是第三方库中可以实现的功能，你可以调用第三方库实现某个功能。

由于 Anaconda 或者 Python 安装包自带了 pip，因此不用再安装 pip。

在下面的例子中，我们将介绍如何用 pip 安装第三方库 bs4，它可以使用其中的 BeautifulSoup 解析网页。

步骤 01 打开 cmd.exe，在 Windows 中为 cmd，在 Mac 中为 terminal。在 Windows 中，cmd 是命令提示符，输入一些命令后，cmd.exe 可以执行对系统的管理。单击"开始"按钮，在"搜索程序和文件"文本框中输入 cmd 后按回车键，系统会打开命令提示符窗口，如图 2-5 所示。在 Mac 中，可以直接在"应用程序"中打开 terminal 程序。

图 2-5　搜索 cmd

步骤 02 安装 bs4 的 Python 库。在 cmd 中键入 pip install bs4 后按回车键，如果出现 successfully installed，就表示安装成功，如图 2-6 所示。

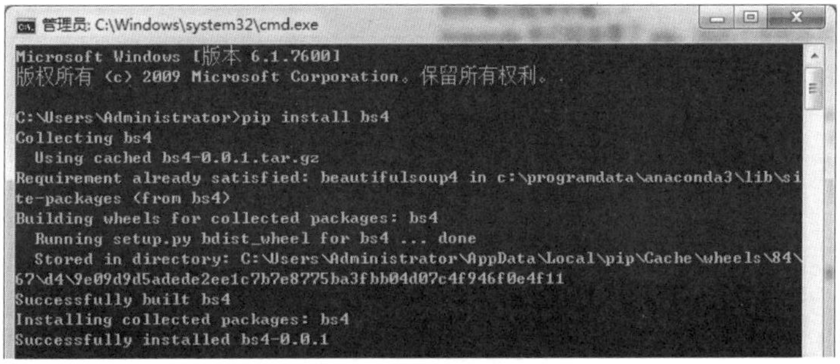

图 2-6　安装 bs4 库

除了 bs4 这个库，之后还会用到 requests 库、lxml 库等其他第三方库，帮助我们更好地进行网络爬虫。正因为这些第三方库的存在，才使得 Python 在爬虫领域越来越方便、越来越活跃。

2.1.3　使用编辑器 Jupyter 编程

如果你使用 Anaconda 安装的 Python，那么可以使用 Anaconda 自带的 Jupyter Notebook 编程；如果你使用 Python 安装包下载的 Python，下一节会介绍 Pycharm 的安装方法。为了方便大家学习和调试代码，本书推荐使用 Anaconda 自带的

Jupyter Notebook。下面将介绍 Jupyter Notebook 的使用方法。

步骤 01 通过 cmd 打开 Jupyter。打开 cmd，键入 jupyter notebook 后按回车键，浏览器启动 Jupyter 界面，地址默认为 http://localhost:8888/tree，如图 2-7 所示。

图 2-7 启动 Jupyter 的主界面

步骤 02 创建 Python 文件。这时浏览器会开启一个页面，在页面中选择想创建文件的文件夹，单击右上角的 New 按钮，从下拉列表中选择 Python 3 作为希望启动的 Notebook 类型，如图 2-8 所示。

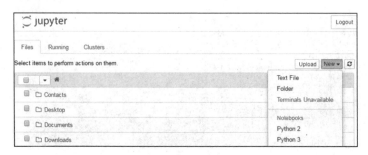

图 2-8 选择 Python 3

步骤 03 在新创建的文件中编写 Python 程序。键入 print('hello world!')后，可以按 Shift + Enter 快捷键执行刚刚的代码，结果如图 2-9 所示。

图 2-9 编写 Python 程序

为什么本书使用 Jupyter Notebook 学习和编写 Python 脚本呢？

首先，Jupyter Notebook 的交互式编程可以分段运行 Python，对于网络爬虫这种分阶段（获取网页-解析网页-存储数据）运行的脚本来说，在写代码和测试阶段可以边看边写，可以加快调试代码的速度，非常适合 debug（代码纠错）。

其次是展示，Jupyter Notebook 能够把运行和输出的结果保存下来，下次打开这个 Notebook 时也可以看到之前运行的结果。除了可以编写代码外，Jupyter 还可以添加各种元素，比如图片、视频、链接等，同时还支持 Markdown。

在完成代码之后，还可以在 Jupyter 左上角点击 File > Download as > Python，下载为.py 文件，就可以放到其他编辑器里运行了。

如果你对 Python 的其他自定义功能有要求的话，推荐下载 Jupyter 的插件 nbextensions。具体指引可以到笔者知乎或本书官网 www.santostang.com 了解。

2.1.4 使用编辑器 Pycharm 编程

如果你使用 Python 安装包下载的 Python，推荐选择 Pycharm 编辑器。

步骤 01 下载 Pycharm。打开 Pycharm 下载页面 https://www.jetbrains.com/pycharm/download，下载 Community 版本，如图 2-10 所示。

图 2-10　点击下载 Pycharm

步骤 02 安装 Pycharm。双击打开 Pycharm 安装文件，根据自己电脑选择 32bit 还是 64bit，记得在 Create Associations 勾选 .py，安装即可，如图 2-11 所示。

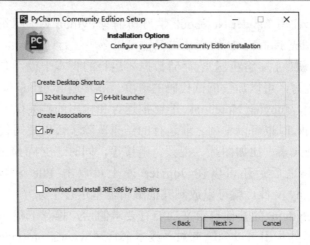

图 2-11 安装 Pycharm

步骤03 打开 Pycharm。在开始页面，选择自己喜欢的主题，如图 2-12 所示。

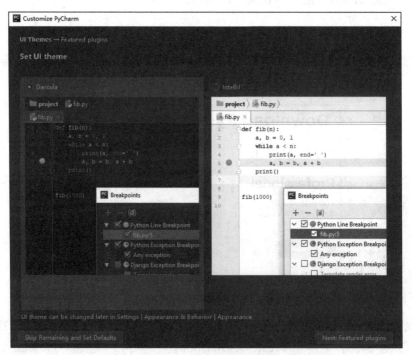

图 2-12 选择 Pycharm 主题

步骤03 随后点击 Create New Project 创建一个新的项目，如图 2-13 所示。

第 2 章　编写第一个网络爬虫

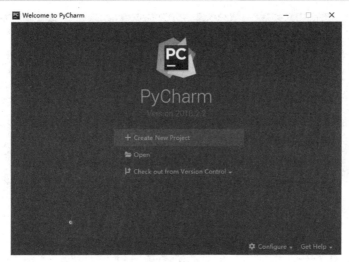

图 2-13　创建一个 Pycharm 项目

步骤 03　选择好存储项目的位置，这里我给项目起的名称是"WebScraping"，你可以按照自己的需求存放项目地址，如图 2-14 所示。

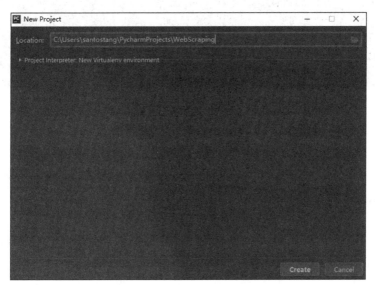

图 2-14　存储 Pycharm 项目

步骤 03　进入 Pycharm 页面后，会看到如下页面。这时，点击 File > New > Python File，并填上 python 文件名，例如"test"。创建完 test.py 文件后，打开 test.py，键入 print('hello world!')。选中代码，右键选择 Run 'test'，即可得到结果，如图 2-15 所示。

17

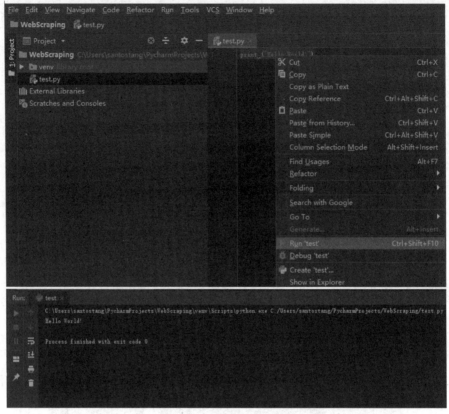

图 2-15　运行 Python 文件

2.2　Python 使用入门

本节主要介绍 Python 的一些基础语法。如果你已经学会使用 Python，可以跳过这一节，直接开始编写第一个 Python 网络爬虫。

2.2.1　基本命令

Python 是一种非常简单的语言，最简单的就是 print，使用 print 可以打印出一系列结果。例如，键入 print（"Hello World!"），打印的结果如下（同图 2-9）：

```
In [1]:print ("Hello World!")
```

Hello World!

另外，Python 要求严格的代码缩进，以 Tab 键或者 4 个空格进行缩进，代码要按照结构严格缩进，例如：

```
In [2]:x = 1
       if x == 1:
           print ("Hello World!")
```

Hello World!

如果需要注释某行代码，那么可以在代码前面加上"#"，例如：

```
In [3]:# 在前面加上#，代表注释
       print ("Hello World!")
```

Hello World!

2.2.2 数据类型

Python 是面向对象（object oriented）的一种语言，并不需要在使用之前声明需要使用的变量和类别。下面将介绍 Python 的 4 种数据类型。

1. 字符串（string）

字符串是常见的数据类型，一般用来存储类似"句子"的数据，并放在单引号（'）或双引号（"）中。如果要连接字符串，那么可以简单地加起来。

```
In [4]:string1 = 'Python Web Scraping'
       string2 = "by Santos"
       string3 = string1 + " " + string2
       print (string3)
```

Python Web Scraping by Santos

如果字符串包含单引号（'）和双引号（"），应该怎么办？可以在前面加上右斜杠（\），例如以下案例：

```
In [5]:string = "I\'m Santos. I love \"python\"."
       print (string3)
```

I'm Santos. I love "python".

2. 数字（Number）

数字用来存储数值，包含两种常用的数字类型：整数（int）和浮点数

（float），其中浮点数由整数和小数部分组成。两种类型之间可以相互转换，如果要将整数转换为浮点数，就在变量前加上 float；如果要将浮点数转换为整数，就在变量前加上 int，例如：

```
In [6]:int1 = 7
       float1 = 7.5
       trans_int = int(float1)
       print (trans_int)
```

7

还有其他两种复杂的数据类型，即长整数和复数，由于不常用到，感兴趣的读者可以自己学习。

3. 列表（list）

如果需要把上述字符串和数字囊括起来，就可以使用列表。列表能够包含任意种类的数据类型和任意数量。创建列表非常容易，只要把不同的变量放入方括号中，并用逗号分隔即可，例如：

```
In [7]:list1 = ['Python', 'Web', 'Scrappy']
       list2 = [1, 2, 3, 4, 5]
       list3 = ["a", 2, "c", 4]
```

怎么访问列表中的值呢？可以在方括号中标明相应的位置索引进行访问，与一般认知不一样的是，索引从 0 开始，例如：

```
In [8]:print ("list1[0]: " , list1[0])
       print ("list2[1:3]: " , list2[1:3])
```

list1[0]: Python
list2[1:3]: [2, 3]

如何修改列表中的值呢？可以直接为列表中的相应位置赋予一个新值，例如：

```
In [9]:list1[1] = "new"
       print (list1)
```

['Python', 'new', 'Scrappy']

如果想要给列表添加值呢？可以用 append() 方法，例如：

```
In [10]:list1.append("by Santos")
        print (list1)
```

['Python', 'new', 'Scrappy', 'by Santos']

4. 字典（Dictionaries）

字典是一种可变容器模型，正如其名，字典含有"字"（直译为键值，key）和值（value），使用字典就像是自己创建一个字典和查字典的过程。每个存储的值都对应着一个键值 key，key 必须唯一，但是值不需要唯一。值也可以取任何数据类型，例如：

```
In [11]:namebook = {"Name": "Alex", "Age": 7, "Class": "First"}
        print (namebook["Name"]) #可以把相应的键值放入方括号，提取值
        print (namebook) #也可以直接输出整个字典
```

Alex
{'Name': 'Alex', 'Age': 7, 'Class': 'First'}

如何遍历访问字典中的每一个值呢？这里需要用到字典和循环的结合，例如：

```
In [12]:#循环提取整个 dictionary 的 key 和 value
        for key, value in namebook.items():
            print (key, value)
```

Name Alex
Age 7
Class First

如果想修改字典中的值或者加入新的键值呢？可以直接修改和加入，例如：

```
In [13]: # 直接修改值和添加一个键值
         namebook["Name"] = "Tom"
         namebook ["Gender"] = "M"
         print (namebook)
```

{'Name': 'Tom', 'Age': 7, 'Class': 'First', 'Gender':'M'}

2.2.3 条件语句和循环语句

条件语句可以使得当满足条件的时候才执行某部分代码。条件为布尔值，也就是只有 True 和 False 两个值。当 if 判断条件成立时才执行后面的语句；当条件不成立的时候，执行 else 后面的语句，例如：

```
In [14]:book = "python"  #定义字符串 book
```

```
        if book == "python":    #判断变量是否为'python'
            print ("You are studying python.")  #条件成立时输出
        else:
            print ("Wrong.")  #条件不成立时输出
```

You are studying python.

如果需要判断的有多种条件，就需要用到 elif，例如：

```
In [15]:book = "java"  #定义字符串 book
        if book == "python":    #判断变量是否为'python'
            print ("You are studying python.")  #条件成立时输出
        elif book == "java":    #判断变量是否为'java '
            print ("You are studying java.")  #条件成立时输出
        else:
            print ("Wrong.")  #条件不成立时输出
```

You are studying java.

Python 的条件语句注意不要少了冒号（:）。

循环语句能让我们执行一个代码片段多次，循环分为 for 循环和 while 循环。for 循环能在一个给定的顺序下重复执行，例如：

```
In [16]:citylist = ["Beijing", "Shanghai", "Guangzhou"]
        for eachcity in citylist:
            print (eachcity)
```

Beijing
Shanghai
Guangzhou

除了对列表进行直接循环，有时我们还会使用 range()进行循环，首先用 len(citylist)得到列表的长度为 3，然后 range(3)会输出列表[0,1,2]，从而实现循环，得到和上面一样的结果。例如：

```
In [17]:citylist = ["Beijing", "Shanghai", "Guangzhou"]
        for i in range(len(citylist)):
            print (citylist[i])
```

Beijing
Shanghai
Guangzhou

while 循环能不断重复执行，只要能满足一定条件，例如：

```
In [18]:count = 0
        while count < 3:
            print (count) #打印出 0,1,2
            count += 1 #与 count = count + 1 一样
```

0
1
2

2.2.4 函数

在代码很少的时候,我们按照逻辑写完就能够很好地运行。但是如果代码变得庞大复杂起来,就需要自己定义一些函数(Functions),把代码切分成一个个方块,使得代码易读,可以重复使用,并且容易调整顺序。

其实 Python 就自带了很多函数,例如下面的 sum()和 abs()函数,我们可以直接调用。

```
In [19]: print (sum([1,2,3,4])) #对系列进行求和计算
         print (abs(-1)) # 返回数字的绝对值
```

10
1

此外,我们也可以自己定义函数。一个函数包括输入参数和输出参数,Python 的函数功能可以用 y = x +1 的数学函数来理解,在输入 x=2 的参数时,y 输出 3。但是在实际情况中,某些函数输入和输出参数可以不用指明。下面定义一个函数:

```
In [20]:#定义函数
        def calulus (x):
            y = x + 1
            return y

        #调用函数
        result = calulus(2)
        print (result)
```

3

参数必须要正确地写入函数中,函数的参数也可以为多个,也可以是不同的数据类型,例如可以是两个参数,分别是字符串和列表型的。

```
In [21]:#定义函数
    def fruit_function (fruit1, fruit2):
        fruits = fruit1 + " " + fruit2[0] + " " + fruit2[1]
        return fruits

    #调用函数
    result = fruit_function("apple", ["banana", "orange"])
    print (result)
```

apple banana orange

2.2.5 面向对象编程

在介绍面向对象编程之前先说明面向过程编程。面向过程编程的意思是根据业务逻辑从上到下写代码,这个容易被初学者接受,按照逻辑需要用到哪段代码写下来即可。

随着时间的推移,在编程的方式上又发展出了函数式编程,把某些功能封装到函数中,需要用时可以直接调用,不用重复撰写。这也是上面提到的函数式编程,函数式的编程方法好处是节省了大量时间。

接下来,又出现了面向对象编程。面向对象编程是把函数进行分类和封装后放入对象中,使得开发更快、更强。例如:

```
In [22]:class Person:    # 创建类
    #__init__ ()方法称为类的构造方法,注意是左右各是两个下划线
    def __init__ (self, name, age):
        self.name = name
        self.age = age

    def detail(self): #通过self调用被封装的内容
        print (self.name)
        print (self.age)

obj1 = Person('santos', 18)
obj1.detail()    # Python将obj1传给self参数,即:
                 # obj1.detail(obj1),此时内部self=obj1
```

santos
18

看到这里,也许你有疑问,要实现上述代码的结果,使用函数式编程不是比面向对象编程更简单吗?例如,如果我们使用函数式编程,可以写成:

```
In [23]:def detail(name,age):
        print (name)
        print (age)
     obj1 = detail('santos', 18)
```

santos

18

此处确实是函数式编程更容易。使用函数式编程,我们只需要写清楚输入和输出变量并执行函数即可;而使用面向对象的编程方法,首先要创建封装对象,然后还要通过对象调用被封装的内容,岂不是很麻烦?

但是,在某些应用场景下,面向对象编程能够显示出更大的优势。

如何选择函数式编程和面向对象编程呢?可以这样进行选择,如果各个函数之间独立且无共用的数据,就选用函数式编程;如果各个函数之间有一定的关联性,那么选用面向对象编程比较好。

下面简单介绍面向对象的两大特性:封装和继承。

1. 封装

封装,顾名思义就是把内容封装好,再调用封装好的内容。封装分为两步:

第一步为封装内容。
第二步为调用被封装的内容。

(1)封装内容

下面为封装内容的示例。

```
In [24]:class Person:    # 创建类
        def __init__ (self, name, age):
            self.name = name
            self.age = age

     obj1 = Person('santos', 18)
     #将"santos"和 18 分别封装到 obj1及 self 的 name 和 age 属性
```

self 在这里只是一个形式参数,当执行 obj1 = Person('santos', 18)时,self 等于 obj1,此处将 santos 和 18 分别封装到 obj1 及 self 的 name 和 age 属性中。结果是 obj1 有 name 和 age 属性,其中 name="santos",age=18。

(2)调用被封装的内容

调用被封装的内容时有两种方式:通过对象直接调用和通过 self 间接调用。
通过对象直接调用 obj1 对象的 name 和 age 属性,代码如下:

```
In [25]:class Person:        # 创建类
        def __init__ (self, name, age):
            self.name = name
            self.age = age

        obj1 = Person('santos', 18)  #将"santos"和 18 分别封装到
                                     #obj1 及 self 的 name 和 age 属性
        print (obj1.name)    # 直接调用 obj1对象的 name 属性
        print (obj1.age)     # 直接调用 obj1对象的 age 属性
```

santos
18

通过 self 间接调用时，Python 默认会将 obj1 传给 self 参数，即 obj1.detail(obj1)。此时方法内部的 self = obj1，即 self.name='santos'，self.age=18，代码如下：

```
In [26]:class Person:        # 创建类
        def __init__ (self,name,age):
            self.name = name
            self.age = age

        def detail(self):    #通过self 调用被封装的内容
            print (self.name)
            print (self.age)

        obj1 = Person('santos', 18)
        obj1.detail()   # Python将obj1传给self 参数，即obj1.detail(obj1)，
                        # 此时内部 self=obj1
```

santos
18

上述例子定义了一个 Person 的类。在这个类中，可以通过各种函数定义 Person 的各种行为和特性，要让代码显得更加清晰有效，就要在调用 Person 类各种行为的时候也可以随时提取。这比仅使用函数式编程更加方便。

面对对象的编程方法不会像平时按照执行流程去思考，在这个例子中，是把 Person 这个类型视为一个对象，它拥有 name 和 age 两个属性，在调用过程中，让自己把自己打印出来。

综上所述，对于面向对象的封装来说，其实就是使用构造方法将内容封装到对象中，然后通过对象直接或 self 间接获取被封装的内容。

2. 继承

继承是以普通的类为基础建立专门的类对象。面向对象编程的继承和现实中的继承类似，子继承了父的某些特性，例如：

猫可以：喵喵叫、吃、喝、拉、撒

狗可以：汪汪叫、吃、喝、拉、撒

如果我们要分别为猫和狗创建一个类，就需要为猫和狗实现他们所有的功能，代码如下，这里为伪代码，无法在 python 执行：

```
In [ ]:class 猫:
           def 喵喵叫(self):
               print ('喵喵叫')
           def 吃(self):
               # do something
           def 喝(self):
               # do something
           def 拉(self):
               # do something
           def 撒(self):
               # do something

       class 狗:
           def 汪汪叫(self):
               print ('汪汪叫')
           def 吃(self):
               # do something
           def 喝(self):
               # do something
           def 拉(self):
               # do something
           def 撒(self):
               # do something
```

从上述代码不难看出，吃、喝、拉、撒是猫狗共同的特性，我们没有必要在代码中重复编写。如果用继承的思想，就可以写成：

动物：吃喝拉撒

猫：喵喵叫（猫继承动物的功能）

狗：汪汪叫（狗继承动物的功能）

```
In [27]:class Animal:
           def eat(self):
```

```
            print ("%s 吃 " %self.name)
        def drink(self):
            print ("%s 喝 " %self.name)
        def shit(self):
            print ("%s 拉 " %self.name)
        def pee(self):
            print ("%s 撒 " %self.name)
class Cat(Animal):
    def __init__(self, name):
        self.name = name
    def cry(self):
        print ('喵喵叫')
class Dog(Animal):
    def __init__(self, name):
        self.name = name
    def cry(self):
        print ('汪汪叫')

c1 = Cat('小白家的小黑猫')
c1.eat()
c1.cry()

d1 = Dog('胖子家的小瘦狗')
d1.eat()
d1.eat()
d1.cry()
```

小白家的小黑猫 吃

喵喵叫

胖子家的小瘦狗 吃

汪汪叫

对于继承来说，其实就是将多个类共有的方法提取到父类中，子类继承父类中的方法即可，不必一一实现每个方法。

2.2.6 错误处理

在编程过程中，我们不免会遇到写出来的程序运行错误，所以程序员经常戏称自己是在"写 bug（错误）而非写程序"。这些错误一般来说会使得整个程序停止运行，但是在 Python 中，我们可以用 try/except 语句来捕获异常。

try/except 使用 try 来检测语句块中的错误，如果有错误的话，except 则会执

行捕获异常信息并处理。以下是一个实例:

```
In [28]: try:
            result = 5/0  #除以0会产生运算错误
         except Exception as e:  #出现错误会执行except
            print (e)    #把错误打印出来
```

division by zero

上述代码首先执行 try 里面的语句,除以 0 产生运算错误后,会执行 except 里的语句,将错误打印出来。在网络爬虫中,它可以帮我们处理一些无法获取到数据报错的情况。

此外,如果我们并不想打印错误,就可以用 pass 空语句。

```
In [29]: try:
            result = 5/0  #除以0会产生运算错误
         except:  #出现错误会执行except
            pass    #空语句,不做任何事情
```

2.3 编写第一个简单的爬虫

当了解了 Python 的基础语法后,就算你是编程小白,也可以轻松爬取一些网站了。

为了方便大家练习 Python 网络爬虫,笔者专门搭建了一个博客网站用于爬虫的教学,本书教学部分的爬虫全部基于爬取笔者的个人博客网站(www.santostang.com)。一方面,由于这个网站的设计和框架不会更改,因此本书的网络爬虫代码可以一直使用;另一方面,由于这个网站由笔者拥有,因此避免了一些法律上的风险。

下面以爬取笔者的个人博客网站为例获取第一篇文章的标题名称,教大家学会一个简单的爬虫。

2.3.1 第一步:获取页面

```
#!/usr/bin/python
# coding: utf-8

import requests #引入包requests
link = "http://www.santostang.com/" #定义link为目标网页地址
```

```
# 定义请求头的浏览器代理，伪装成浏览器
headers = {'User-Agent' : 'Mozilla/5.0 (Windows; U; Windows NT 6.1; en-US; rv:1.9.1.6) Gecko/20091201 Firefox/3.5.6'}

r = requests.get(link, headers= headers) #请求网页
print (r.text)   #r.text 是获取的网页内容代码
```

上述代码就能获取博客首页的 HTML 代码，HTML 是用来描述网页的一种语言，也就是说网页呈现的内容背后都是 HTML 代码。如果你对 HTML 不熟悉的话，可以先去 w3school (http://www.w3school.com.cn/html/index.asp) 学习一下，大概花上几个小时就可以了解 HTML。

在上述代码中，首先 import requests 引入包 requests，之后获取网页。

（1）首先定义 link 为目标网页地址。

（2）之后用 headers 来定义请求头的浏览器代理，进行伪装。

（3）r 是 requests 的 Response 回复对象，我们从中可以获取想要的信息。r.text 是获取的网页内容代码。

运行上述代码得到的结果如图 2-16 所示。

```
<!DOCTYPE html>
<html lang="zh-CN">
<head>
<meta charset="UTF-8">
<meta http-equiv="X-UA-Compatible" content="IE=edge">
<meta name="viewport" content="width=device-width, initial-scale=1, maximum-scale=1">
<title>大数据分析@唐松</title>
<meta name="description" content="唐松的个人博客，分享大数据分析和 Python 网络爬虫的思考。" />
<meta name="keywords" content="唐松, Santos, 博客">
<link rel="shortcut icon" href="http://www.santostang.com/wp-content/themes/SongStyle-Two/images/favicon.ico" type="image/x-icon" />
<link rel="stylesheet" href="http://www.santostang.com/wp-content/themes/SongStyle-Two/css/bootstrap.min.css">
<link rel="stylesheet" href="http://www.santostang.com/wp-content/themes/SongStyle-Two/css/font-awesome.min.css">
<script type="text/javascript" src="http://www.santostang.com/wp-content/themes/SongStyle-Two/js/jquery.min.js"></script>
<script type="text/javascript" src="http://www.santostang.com/wp-content/themes/SongStyle-Two/js/bootstrap.min.js"></script>
<link rel="stylesheet" href="http://www.santostang.com/wp-content/themes/SongStyle-Two/style.css">
```

图 2-16 获取页面

2.3.2 第二步：提取需要的数据

```
#!/usr/bin/python
# coding: utf-8

import requests
from bs4 import BeautifulSoup     #从 bs4 这个库中导入 BeautifulSoup

link = "http://www.santostang.com/"
headers = {'User-Agent' : 'Mozilla/5.0 (Windows; U; Windows NT 6.1; en-US; rv:1.9.1.6) Gecko/20091201 Firefox/3.5.6'}
```

第 2 章 编写第一个网络爬虫

```
r = requests.get(link, headers= headers)

soup = BeautifulSoup(r.text, "html.parser") #使用BeautifulSoup解析

#找到第一篇文章标题,定位到class是"post-title"的h1元素,提取a,提取a里
面的字符串,strip()去除左右空格
title = soup.find("h1", class_="post-title").a.text.strip()
print (title)
```

在获取整个页面的 HTML 代码后,我们需要从整个网页中提取第一篇文章的标题。

这里用到 BeautifulSoup 这个库对页面进行解析,BeautifulSoup 将会在第 4 章进行详细讲解。首先需要导入这个库,然后把 HTML 代码转化为 soup 对象,接下来用 soup.find("h1", class_="post-title").a.text.strip()得到第一篇文章的标题,并且打印出来。

soup.find("h1", class_="post-title").a.text.strip()的意思是,找到第一篇文章标题,定位到 class 是"post-title"的 h1 元素,提取 a 元素,提取 a 元素里面的字符串,strip()去除左右空格。

对初学者来说,使用 BeautifulSoup 从网页中提取需要的数据更加简单易用。

那么,我们怎么从那么长的代码中准确找到标题的位置呢?

这里就要隆重介绍 Chrome 浏览器的"检查(审查元素)"功能了。下面介绍找到需要元素的步骤。

步骤 01 使用 Chrome 浏览器打开博客首页 www.santostang.com。右击网页页面,在弹出的快捷菜单中单击"检查"命令,如图 2-17 所示。

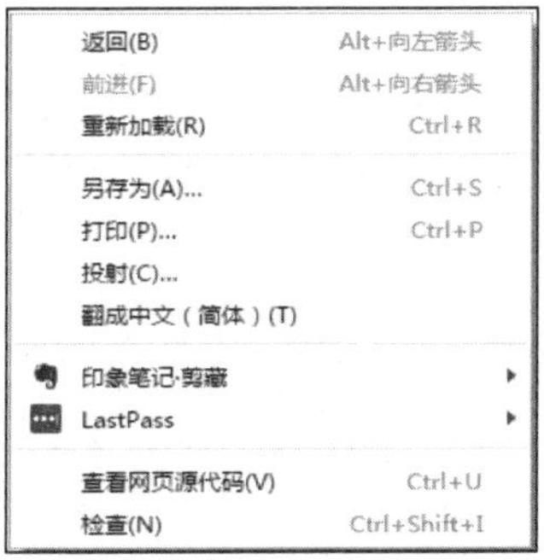

图 2-17 选择"检查"命令

步骤 02 出现如图 2-18 所示的审查元素页面。单击左上角的鼠标键按钮,然后在页面上单击想要的数据,下面的 Elements 会出现相应的 code 所在的地方,就定位到想要的元素了。

图 2-18 审查元素页面

步骤 03 在代码中找到标蓝色的地方,为<h1 class="post-title"><a>echarts 学习笔记(2) – 同一页面多图表</a>。我们可以用 soup.find("h1", class_="post-title").a.text.strip()提取该博文的标题。

2.3.3 第三步:存储数据

```
import requests
from bs4 import BeautifulSoup   #从bs4这个库中导入BeautifulSoup

link = "http://www.santostang.com/"
headers = {'User-Agent' : 'Mozilla/5.0 (Windows; U; Windows NT 6.1; en-US; rv:1.9.1.6) Gecko/20091201 Firefox/3.5.6'}
r = requests.get(link, headers= headers)

soup = BeautifulSoup(r.text, "html.parser")  #使用BeautifulSoup解析
title = soup.find("h1", class_="post-title").a.text.strip()
print (title)

# 打开一个空白的txt,然后使用f.write写入刚刚的字符串title
with open('title_test.txt', "a+") as f:
    f.write(title)
```

存储到本地的 txt 文件非常简单,在第二步的基础上加上 2 行代码就可以把这个字符串保存在 text 中,并存储到本地。txt 文件地址应该和你的 Python 文件放在同一个文件夹。

返回文件夹,打开 title.txt 文件,其中的内容如图 2-19 所示。

图 2-19　查看保存的文件

2.4　Python 实践：基础巩固

学习完基础知识，做完第一个爬虫例子后，是不是觉得网络爬虫并没有想象中那么难呢？本书的目标就是希望你可以快速上手 Python 和爬虫，然后在后面的实战中学习。但是 Python 爬虫入门简单，一步步深入学习后，你会发现坑越来越多。只有认真阅读、反复练习，才能熟能生巧。

为了巩固大家学习 Python 网络爬虫的成果，第 2 章~第 7 章的结尾都提供了一个实践项目。这些实践的目的一是让读者从实践中检验自己学习了多少知识，二是进一步巩固在该章节中学习的知识。这些实践项目的完整代码都在书中，你也可以从本书配书资源的下载地址下载。除此之外，章末还提供了一个进阶问题供感兴趣的读者思考。

如果你是一个编程新手，在进一步学习 Python 编程之前需要记得以下 3 点：

（1）实践是最快的学习方式。如果你打算通过阅读本书而学会 Python 爬虫，就算读上 100 遍可能也不会达到很好的效果，最有效的方法就是：手输代码，反复练习。这也是为什么本书均通过项目案例来讲解 Python 网络爬虫的原因。

（2）搜索引擎是最好的老师。如果遇到不明白的问题，请学会使用百度或谷歌引擎搜索。就笔者自己的体验而言，谷歌的有效信息检索速度比百度快，较新的回答很有可能是英文的，但是如果你的英文阅读能力不行，就另当别论了。记得使用谷歌搜索时，找到 Stack Overflow 网站上的回答可以非常快地解决你的问题。

（3）请不要复制、粘贴代码。复制、粘贴代码除了可以让你在短时间内完成任务之外，没有任何好处。只有通过亲自输入代码，并不断重复、不断加快速度，才会提升你的编程能力和编程效率。否则给你一张白纸，你会什么代码都写不出。

本章实践的项目主要是帮助 Python 的初学者巩固之前学过的知识，如果你已经对 Python 有所了解，可以跳过以下部分。为了达到最好的效果，请先自行完成下面的题目。每一题后面都会提供答案，这些答案并不是唯一解，也不是让你不思考直接复制、粘贴运行的，而是用来对比思路，巩固 Python 基础内容的。

2.4.1　Python 基础试题

试题 1：请使用 Python 中的循环打印输出从 1 到 100 的所有奇数。

试题 2：请将字符串"你好$$$我正在学 Python@#@#现在需要&*&*&修改字符串"中的符号变成一个空格，需要输出的格式为："你好 我正在学 Python 现在需要 修改字符串"。

试题 3：输出 9×9 乘法口诀表。

试题 4：请写出一个函数，当输入函数变量月利润为 I 时，能返回应发放奖金的总数。例如，输出"利润为 100 000 元时，应发放奖金总数为 10 000 元"。

其中，企业发放的奖金根据利润提成。利润（I）低于或等于 10 万元时，奖金可提 10%；利润高于 10 万元，低于 20 万元时，低于 10 万元的部分按 10%提成，高于 10 万元的部分，可提成 7.5%；利润在 20 万元到 40 万元之间时，高于 20 万元的部分可提成 5%；利润在 40 万元到 60 万元之间时，高于 40 万元的部分可提成 3%；利润在 60 万元到 100 万元之间时，高于 60 万元的部分可提成 1.5%；利润高于 100 万元时，超过 100 万元的部分按 1%提成。

试题 5：用字典的值对字典进行排序，将{1: 2, 3: 4, 4:3, 2:1, 0:0}按照字典的值从大到小进行排序。

试题 6：请问以下两段代码的输出分别是什么？

```
a = 1
def fun(a):
    a = 2
fun(a)
print (a)
```

```
a = []
def fun(a):
    a.append(1)
fun(a)
print (a)
```

试题 7：请问以下两段代码的输出分别是什么？

```
class Person:
    name="aaa"

p1=Person()
p2=Person()
p1.name="bbb"
print (p1.name)
print (p2.name)
print (Person.name)
```

```
class Person:
    name=[]

p1=Person()
p2=Person()
p1.name.append(1)
print (p1.name)
print (p2.name)
print (Person.name)
```

2.4.2 参考答案

试题 1 答案：

```
for i in range(1,101):
    if i % 2 == 1:
        print (i)
```

在上述代码中，range(1,101) 返回的是从 1 到 100 所有整数的列表 list，然后使用循环判断这个数字除以 2 的余数是否为 1，i % 2 返回的是 i 除以 2 的余数。如果余数等于 1，就输出该数字。

试题 2 答案：

```
str1 = '你好$$$我正在学 Python@#@#现在需要&%&%&修改字符串'
str2 = str1.replace('$$$', ' ').replace('@#@#', ' ').replace('&%&%&', ' ')
print (str2)
```

在上述代码中，使用 replace 方法可以将字符串中的一些字符替换成想要的字符。例如，str1.replace('$$$', ' ')就是把 str1 中的'$$$'替换成空格。

其实还可以采用另一种更加简单的方法：

```
import re
str1 = '你好$$$我正在学Python@#@#现在需要&%&%&修改字符串'
str2 = re.sub('[$@#&%]+', ' ' ,str1)
print (str2)
```

这里用到一个库 re（正则表达式），使用其中的 re.sub 可以进行替换。正则表达式的功能将在第 5 章进行详细说明。

试题 3 答案：

```
for i in range(1, 10):
    for j in range(1, i+1):
        print ("%dx%d=%d\t" % (j, i, i*j), end="")
    print("")
```

运行上述代码，得到的结果如图 2-20 所示。

```
1x1=1
1x2=2   2x2=4
1x3=3   2x3=6   3x3=9
1x4=4   2x4=8   3x4=12  4x4=16
1x5=5   2x5=10  3x5=15  4x5=20  5x5=25
1x6=6   2x6=12  3x6=18  4x6=24  5x6=30  6x6=36
1x7=7   2x7=14  3x7=21  4x7=28  5x7=35  6x7=42  7x7=49
1x8=8   2x8=16  3x8=24  4x8=32  5x8=40  6x8=48  7x8=56  8x8=64
1x9=9   2x9=18  3x9=27  4x9=36  5x9=45  6x9=54  7x9=63  8x9=72  9x9=81
```

图 2-20 9×9 乘法口诀表

上述代码使用了两个循环的嵌套，在第一个循环中 i 为 1，在第二个循环中 j 为 1。当 j 完成循环后，i 会加 1，变成 2，j 又从 1 开始一个新的循环，从而得到输出的这个 9×9 乘法表。

试题 4 答案：

```
def calcute_profit(I):
    I = I / 10000
    if I <= 10:
        a = I * 0.1
        return a * 10000
    elif I <= 20 and I > 10:
        b =0.25 + I * 0.075
        return b * 10000
    elif I <= 40 and I > 20:
        c = 0.75 + I * 0.05
        return c * 10000
    elif I <= 60 and I > 40:
        d = 1.55 + I * 0.03
        return d * 10000
    elif I <= 100 and I > 60:
```

```
            e = 2.45 + I * 0.015
            return e * 10000
        else:
            f = 2.95 + I * 0.01
            return f * 10000

I = int(input('净利润:'))
profit = calcute_profit(I)
print ('利润为%d元时,应发奖金总数为%d元' % (I, profit))
```

在上述代码中,计算应发奖金时,我们对不同的情况使用 if 和 elif 进行了不同的处理。

还可以使用一个比较简洁的方式:

```
def calcute_profit(I):
    arr = [1000000,600000,400000,200000,100000,0]
    #这应该就是各个分界值,把它们放在列表里方便访问
    rat = [0.01,0.015,0.03,0.05,0.075,0.1]
    #这是各个分界值所对应的奖金比例值
    r = 0                          #这是总奖金的初始值
    for idx in range(0,6):         #有6个分界,值当然要循环6次
        if I > arr[idx]:
            r = r + (I - arr[idx]) * rat[idx]
            I = arr[idx]
    return r

I = int(input('净利润:'))
profit = calcute_profit(I)
print ('利润为%d元时,应发奖金总数为%d元' % (I, profit))
```

试题 5 答案:

```
import operator
x = {1: 2, 3: 4, 4:3, 2:1, 0:0}
sorted_x = sorted(x.items(), key=operator.itemgetter(1))
print (sorted_x)
```

运行上述代码,输出的结果是:

[(0, 0), (2, 1), (1, 2), (4, 3), (3, 4)]

对字典进行排序是不可能的,只有把字典转换成另一种方式才能排序。字典本身是无序的,但是如列表元组等其他类型是有序的,所以需要用一个元组列表来表示排序的字典。

试题 6 答案：

第一段代码输出的结果是：1
第二段代码输出的结果是：[1]

从结果发现，在第一段代码中，a 为数字 int，函数改变不了函数以外 a 的值，输出结果仍然为 1；而在第二段代码中，a 为列表，函数将函数以外的 a 值改变了。

这是因为在 Python 中对象有两种，即可更改（mutable）与不可更改（immutable）对象。在 Python 中，strings 字符串、tuples 元组和 numbers 数字是不可更改对象，而 list 列表、dict 字典等是可更改对象。

在第一段代码中，当一个引用传递给函数时，函数自动复制一份引用。函数里和函数外的引用是不一样的。

在第二段代码中，函数内的引用指向的是可变对象列表 a，函数内的列表 a 和函数外的列表 a 是同一个。

试题 7 答案：

第一段代码输出的结果是：bbb aaa aaa
第二段代码输出的结果是：[1] [1] [1]

代码中的 p1.name="bbb"表示实例调用了类变量，其实就是函数传参的问题。p1.name 一开始指向类变量 name="aaa"，但是在实例的作用域里把类变量的引用改变了，就变成了一个实例变量，self.name 不再引用 Person 的类变量 name 了，所以第一个答案是 bbb。而后面的两个答案还是调用类变量 name="aaa"，所以还是 aaa。

第二段的答案因为正如上面所言，列表和字典是可更改对象，因此修改一个指向的对象时会把类变量也改变了。

2.4.3 自我实践题

读者若有时间，可以从 W3school 的 Python 100 例中学习 Python 的各种应用基础知识，网址是：https://www.w3cschool.cn/python/python-100-examples.html。

第 3 章

◀ 静态网页抓取 ▶

在网站设计中，纯粹 HTML 格式的网页通常被称为静态网页，早期的网站一般都是由静态网页制作的。在网络爬虫中，静态网页的数据比较容易获取，因为所有数据都呈现在网页的 HTML 代码中。相对而言，使用 AJAX 动态加载网页的数据不一定会出现在 HTML 代码中，这就给爬虫增加了困难。本章先从简单的静态网页抓取开始介绍，第 4 章再介绍动态网页抓取。

在静态网页抓取中，有一个强大的 Requests 库能够让你轻易地发送 HTTP 请求，这个库功能完善，而且操作非常简单。本章首先介绍如何安装 Requests 库，然后介绍如何使用 Requests 库获取响应内容，最后可以通过定制 Requests 的一些参数来满足我们的需求。

3.1 安装 Requests

Requests 库能通过 pip 安装。打开 Windows 的 cmd 或 Mac 的终端,键入:

```
pip install requests
```

就安装完成了。

3.2 获取响应内容

在 Requests 中,常用的功能是获取某个网页的内容。现在我们使用 Requests 获取个人博客主页的内容。

```
import requests
r = requests.get('http://www.santostang.com/')
print ("文本编码:", r.encoding)
print ("响应状态码:", r.status_code)
print ("字符串方式的响应体:", r.text)
```

这样就返回了一个名为 r 的 response 响应对象,其存储了服务器响应的内容,我们可以从中获取需要的信息。上述代码的结果如图 3-1 所示。

```
文本编码: UTF-8
响应状态码: 200
字符串方式的响应体: <!DOCTYPE html>
<html lang="zh-CN">
<head>
<meta charset="UTF-8">
```

图 3-1 显示获取的信息

上例的说明如下:

(1) r.text 是服务器响应的内容,会自动根据响应头部的字符编码进行解码。

(2) r.encoding 是服务器内容使用的文本编码。

(3) r.status_code 用于检测响应的状态码,如果返回 200,就表示请求成功了;如果返回的是 4xx,就表示客户端错误;返回 5xx 则表示服务器错误响应。我们可以用 r.status_code 来检测请求是否正确响应。

（4）r.content 是字节方式的响应体，会自动解码 gzip 和 deflate 编码的响应数据。

（5）r.json()是 Requests 中内置的 JSON 解码器。

3.3 定制 Requests

在 3.2 节中，我们使用 Requests 库获取了网页数据，但是有些网页需要对 Requests 的参数进行设置才能获取需要的数据，这包括传递 URL 参数、定制请求头、发送 POST 请求、设置超时等。

3.3.1 传递 URL 参数

为了请求特定的数据，我们需要在 URL 的查询字符串中加入某些数据。如果你是自己构建 URL，那么数据一般会跟在一个问号后面，并且以键/值的形式放在 URL 中，如 http://httpbin.org/get?key1=value1。

在 Requests 中，你可以直接把这些参数保存在字典中，用 params（参数）构建至 URL 中。例如，传递 key1 = value1 和 key2=value2 到 http://httpbin.org/get，可以这样编写：

```python
import requests
key_dict = {'key1': 'value1', 'key2': 'value2'}
r = requests.get('http://httpbin.org/get', params=key_dict)
print ("URL 已经正确编码:", r.url)
print ("字符串方式的响应体: \n", r.text)
```

通过上述代码的输出结果可以发现 URL 已经正确编码：
URL 已经正确编码：http://httpbin.org/get?key1=value1&key2=value2
字符串方式的响应体：

```
{
  "args": {
    "key1": "value1",
    "key2": "value2"
  },
  "headers": {
    "Accept": "*/*",
    "Accept-Encoding": "gzip, deflate",
```

```
    "Connection": "close",
    "Host": "httpbin.org",
    "User-Agent": "python-requests/2.12.4"
  },
  "origin": "116.49.102.8",
  "url": "http://httpbin.org/get?key1=value1&key2=value2"
}
```

3.3.2 定制请求头

请求头 Headers 提供了关于请求、响应或其他发送实体的信息。对于爬虫而言，请求头十分重要，尽管在上一个示例中并没有制定请求头。如果没有指定请求头或请求的请求头和实际网页不一致，就可能无法返回正确的结果。

Requests 并不会基于定制的请求头 Headers 的具体情况改变自己的行为，只是在最后的请求中，所有的请求头信息都会被传递进去。

那么，我们如何找到正确的 Headers 呢？

还是用到第 2 章提到过的 Chrome 浏览器的"检查"命令。使用 Chrome 浏览器打开要请求的网页，右击网页的任意位置，在弹出的快捷菜单中单击"检查"命令。

如图 3-2 所示，在随后打开的页面中单击 Network 选项。

图 3-2 单击 Network 选项

如图 3-3 所示，在左侧的资源中找到需要请求的网页，本例为 www.santostang.com。单击需要请求的网页，在 Headers 中可以看到 Requests Headers 的详细信息。

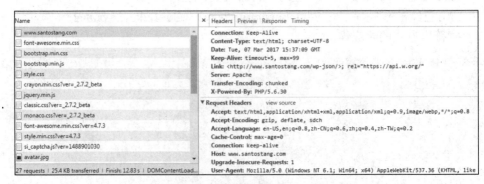

图 3-3 找到需要请求网页的头信息

因此，我们可以看到请求头的信息为：

GET / HTTP/1.1

Host: www.santostang.com

Connection: keep-alive

Upgrade-Insecure-Requests: 1

User-Agent: Mozilla/5.0 (Windows NT 6.1; WOW64) AppleWebKit/537.36 (KHTML, like Gecko) Chrome/57.0.2987.98 Safari/537.36

Accept: text/html,application/xhtml+xml,application/xml;q=0.9,image/webp,*/*;q=0.8   Accept-Encoding: gzip, deflate, sdch

Accept-Language: en-US,en;q=0.8,zh-CN;q=0.6,zh;q=0.4,zh-TW;q=0.2

提取请求头中重要的部分，可以把代码改为：

```
import requests
headers = {
    'user-agent': 'Mozilla/5.0 (Windows NT 6.1; Win64; x64) AppleWebKit/537.36 (KHTML, like Gecko) Chrome/52.0.2743.82 Safari/537.36',
    'Host': 'www.santostang.com'
}
r = requests.get('http://www.santostang.com/', headers=headers)
print ("响应状态码:", r.status_code)
```

3.3.3 发送 POST 请求

除了 GET 请求外，有时还需要发送一些编码为表单形式的数据，如在登录的时候请求就为 POST，因为如果用 GET 请求，密码就会显示在 URL 中，这是非常不安全的。如果要实现 POST 请求，只需要简单地传递一个字典给 Requests 中的 data 参数，这个数据字典就会在发出请求的时候自动编码为表单形式。

```
import requests
key_dict = {'key1': 'value1', 'key2': 'value2'}
r = requests.post('http://httpbin.org/post', data=key_dict)
print (r.text)
```

输出的结果为：

{

  "args": {},

```
    "data": "",
    "form": {
       "key1": "value1",
       "key2": "value2"
    },
    ...
}
```

可以看到，form 变量的值为 key_dict 输入的值，这样一个 POST 请求就发送成功了。

3.3.4 超时

有时爬虫会遇到服务器长时间不返回，这时爬虫程序就会一直等待，造成爬虫程序没有顺利地执行。因此，可以用 Requests 在 timeout 参数设定的秒数结束之后停止等待响应。意思就是，如果服务器在 timeout 秒内没有应答，就返回异常。

我们把这个秒数设置为 0.001 秒，看看会抛出什么异常。这是为了让大家体验 timeout 异常的效果而设置的值，一般会把这个值设置为 20 秒。

```
import requests
link = "http://www.santostang.com/"
r = requests.get(link, timeout= 0.001)
```

返回的异常为：ConnectTimeout: HTTPConnectionPool(host='www.santostang.com', port=80): Max retries exceeded with url: / (Caused by ConnectTimeoutError(<requests.packages.urllib3.connection.HTTPConnection object at 0x0000000005B85B00>, 'Connection to www.santostang.com timed out. (connect timeout=0.001)'))。

异常值的意思是，时间限制在 0.001 秒内，连接到地址为 www.santostang.com 的时间已到。

3.4 Requests 爬虫实践：TOP250 电影数据

本章实践项目的目的是获取豆瓣电影 TOP250 的所有电影的名称，网页地址为：https://movie.douban.com/top250。在此爬虫中，将请求头定制为实际浏览器的请求头。

3.4.1 网站分析

打开豆瓣电影 TOP250 的网站，使用"检查"功能查看该网页的请求头，如图 3-4 所示。

图 3-4 豆瓣电影 TOP250 的网站

按照 3.3.2 中的方法提取其中重要的请求头：

```
headers = {
'user-agent': 'Mozilla/5.0 (Windows NT 6.1; Win64; x64) AppleWebKit/537.36 (KHTML, like Gecko) Chrome/52.0.2743.82 Safari/537.36',
'Host': 'movie.douban.com'
}
```

第一页只有 25 个电影，如果要获取所有的 250 页电影，就需要获取总共 10 页的内容。

通过单击第二页可以发现网页地址变成了：

https://movie.douban.com/top250?start=25

第三页的地址为：https://movie.douban.com/top250?start=50，这就很容易理解了，每多一页，就给网页地址的 start 参数加上 25。

3.4.2 项目实践

通过以上分析发现，可以使用 requests 获取电影网页的代码，并利用 for 循环翻页。其代码如下：

```
import requests

def get_movies():
    headers = {
        'user-agent': 'Mozilla/5.0 (Windows NT 6.1; Win64; x64) AppleWebKit/537.36 (KHTML, like Gecko) Chrome/52.0.2743.82 Safari/537.36',
        'Host': 'movie.douban.com'
    }
    for i in range(0,10):
        link = 'https://movie.douban.com/top250?start=' + str(i * 25)
        r = requests.get(link, headers=headers, timeout= 10)
        print (str(i+1),"页响应状态码:", r.status_code)
        print (r.text)

get_movies()
```

运行上述代码，得到的结果是：

1 页响应应状态码: 200

<!DOCTYPE html>

<html lang="zh-cmn-Hans" class="ua-windows ua-webkit">

<head>

    <meta http-equiv="Content-Type" content="text/html; charset=UTF-8">

    <meta name="renderer" content="webkit">

    <meta name="referrer" content="always">

    <title>

豆瓣电影 TOP250

...

这时，得到的结果只是网页的 HTML 代码，我们需要从中提取需要的电影名称。接下来会涉及第 5 章解析网页的内容，读者可以先使用下面的代码，至于对代码的理解，可以等到第 5 章再学习。

```
import requests
from bs4 import BeautifulSoup

def get_movies():
    headers = {
        'user-agent': 'Mozilla/5.0 (Windows NT 6.1; Win64; x64) AppleWebKit/537.36 (KHTML, like Gecko) Chrome/52.0.2743.82
```

```
Safari/537.36',
    'Host': 'movie.douban.com'
    }
    movie_list = []
    for i in range(0,10):
        link = 'https://movie.douban.com/top250?start=' + str(i*25)
        r = requests.get(link, headers=headers, timeout= 10)
        print (str(i+1),"页响应状态码:", r.status_code)

        soup = BeautifulSoup(r.text, "lxml")
        div_list = soup.find_all('div', class_='hd')
        for each in div_list:
            movie = each.a.span.text.strip()
            movie_list.append(movie)
    return movie_list

movies = get_movies()
print (movies)
```

在上述代码中，使用 BeautifulSoup 对网页进行解析并获取其中的电影名称数据。运行代码，得到的结果是：

1 页响应状态码: 200
2 页响应状态码: 200
3 页响应状态码: 200
4 页响应状态码: 200
5 页响应状态码: 200
6 页响应状态码: 200
7 页响应状态码: 200
8 页响应状态码: 200
9 页响应状态码: 200
10 页响应状态码: 200

['肖申克的救赎', '这个杀手不太冷', '霸王别姬', '阿甘正传', '美丽人生', '千与千寻', '辛德勒的名单', '泰坦尼克号', '盗梦空间', '机器人总动员', '海上钢琴师', '三傻大闹宝莱坞', '忠犬八公的故事', '放牛班的春天', '大话西游之大圣娶亲', '教父', '龙猫', '楚门的世界', '乱世佳人', '天堂电影院', '当幸福来敲门', '触不可及', '搏击俱乐部', '十二怒汉', '无间道', '熔炉', '指环王3：王者无敌', '怦然心动', '天空之城', '罗马假日', ...]

3.4.3 自我实践题

读者若有时间，可以实践进阶问题：获取 TOP 250 电影的英文名、港台名、导演、主演、上映年份、电影分类以及评分。

第 4 章

◀ 动态网页抓取 ▶

前面爬取的网页均为静态网页,这样的网页在浏览器中展示的内容都位于 HTML 源代码中。但是,由于主流网站使用 JavaScript 展现网页内容,和静态网页不同的是,使用 JavaScript 时,很多内容并不会出现在 HTML 源代码中,所以爬取静态网页的技术可能无法正常使用。因此,我们需要用到动态网页抓取的两种技术:通过浏览器审查元素解析真实网页地址和使用 Selenium 模拟浏览器的方法。

本章首先介绍动态网页的实例,让读者了解什么是动态抓取,然后使用上述两种动态网页抓取技术获取动态网页的数据。

4.1 动态抓取的实例

在开始爬取动态网页前，我们还需要了解一种异步更新技术——AJAX（Asynchronous Javascript And XML，异步 JavaScript 和 XML）。它的价值在于通过在后台与服务器进行少量数据交换就可以使网页实现异步更新。这意味着可以在不重新加载整个网页的情况下对网页的某部分进行更新。一方面减少了网页重复内容的下载，另一方面节省了流量，因此 AJAX 得到了广泛使用。

相对于使用 AJAX 网页而言，传统的网页如果需要更新内容，就必须重载整个网页页面。因此，AJAX 使得互联网应用程序更小、更快、更友好。但是，AJAX 网页的爬虫过程比较麻烦。

首先，让我们来看动态网页的例子。打开笔者博客的 Hello World 文章，文章地址为：http://www.santostang.com/2018/07/04/hello-world/。网址可能会变更，请读者进入笔者博客官网找到 Hello World 文章地址。如图 4-1 所示，页面下面的评论就是用 JavaScript 加载的，这些评论数据不会出现在网页源代码中。

图 4-1 动态网页的示例

为了验证页面下面的评论是用 JavaScript 加载的，我们可以查看此网页的网页源代码。如图 4-2 所示，放置该评论的代码里面并没有评论数据，只有一段 JavaScript 代码，最后呈现出来的数据就是通过 JavaScript 提取数据加载到源代码进行呈现的。

除了笔者的博客，还可以在天猫电商网站上找到 AJAX 技术的例子。例如，打开天猫的 iPhone XS Max 的产品页面，单击"累计评价"，可以发现上面的 url 地址没有任何改变，没有重新加载整个网页并对网页的评论部分进行更新，如图 4-3 所示。

```
 91    <section id="comments">
 92
 93    <div id="cloud-tie-wrapper" class="cloud-tie-wrapper"></div>
 94    <script>
 95      var cloudTieConfig = {
 96        url: document.location.href,
 97        sourceId: "1",
 98        productKey: "aace1d69a0924085b4fe15d19cb03a78",
 99        target: "cloud-tie-wrapper"
100      };
101    </script>
102    <script src="https://img1.ws.126.net/f2e/tie/yun/sdk/loader.js"></script>    </section>
```

图 4-2　查看网页的源代码

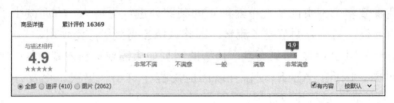

图 4-3　累计评价

如图 4-4 所示，我们也可以查看此商品网页的源代码，里面并没有用户评论，这一块内容是空白的。

```
            <div id="J_Reviews" class="J_DetailSection">
    <h4 class="hd">累计评价 <em class="J_ReviewsCount"></em></h4>
</div>
```

图 4-4　AJAX 网页看不到用户评论

如果使用 AJAX 加载的动态网页，怎么爬取里面动态加载的内容呢？有两种方法：

（1）通过浏览器审查元素解析地址。
（2）通过 Selenium 模拟浏览器抓取。

4.2　解析真实地址抓取

虽然数据并没有出现在网页源代码中，但是我们还是可以找到数据的真实地址，请求这个真实地址也可以获得想要的数据。这里用到浏览器的"检查"功能。

下面以笔者博客的 Hello World 文章为例，目标是抓取文章下的所有评论。文章网址为：http://www.santostang.com/2018/07/04/hello-world/，网址可能会变更，请读者进入笔者博客官网找到 Hello World 文章地址。

第 4 章 动态网页抓取

步骤 01　打开"检查"功能。用 Chrome 浏览器打开 Hello World 文章。右击页面的任意位置，在弹出的快弹菜单中单击"检查"命令，得到如图 4-5 所示的页面窗口。

图 4-5　检查页面元素

步骤 02　找到真实的数据地址。单击页面中的 Network 选项，然后刷新网页。此时，Network 会显示浏览器从网页服务器中得到的所有文件，一般这个过程称为"抓包"。因为所有文件已经显示出来了，所以需要的评论数据一定在其中。

一般而言，这些数据可能以 json 文件格式获取。我们可以在 Network 中的 All 找到真正的评论文件"list?callback=jQuery112408799079192236 79"。单击 Preview 即可查看数据，如图 4-6 所示。

图 4-6　查看数据

步骤 03　爬取真实评论数据地址。既然找到了真实的地址，接下来就可以直接用

51

requests 请求这个地址获取数据了，代码如下：

```
import requests

link = """https://api-zero.livere.com/v1/comments/
         list?callback=jQuery112404986673676612054 5_
         1506309304525&limit=10&offset=1&repSeq=3871836
         &requestPath=%2Fv1%2Fcomments%2Flist
         &consumerSeq=1020&livereSeq=28583
         &smartloginSeq=5154&_=1506309304527"""
headers = {'User-Agent' : 'Mozilla/5.0 (Windows; U; Windows NT 6.1; en-US; rv:1.9.1.6) Gecko/20091201 Firefox/3.5.6'}

r = requests.get(link, headers= headers)
print (r.text)
```

运行上述代码，获得的结果如图 4-7 所示。

图 4-7 爬取动态网页的信息

综上所述，爬取类似淘宝网评论这种用 AJAX 加载的网页时，从网页源代码中是找不到想要的数据的。需要用浏览器的审查元素找到真实的数据地址，然后爬取真实的网站。

步骤 04 从 json 数据中提取评论。上述结果比较杂乱，其实这些是 json 数据，我们可以使用 json 库解析数据，从中提取想要的数据。

```
import json
# 获取 json 的 string
json_string = r.text
json_string = json_string[json_string.find('{'):-2]
# 从第一个左大括号提取，最后的两个字符-括号和分号不取
json_data = json.loads(json_string)
comment_list = json_data['results']['parents']
```

```
for eachone in comment_list:
    message = eachone['content']
    print (message)
```

首先，我们需要使用 json_string[json_string.find('{'):-2)]，仅仅提取字符串中符合 json 格式的部分。然后，使用 json.loads 可以把字符串格式的响应体数据转化为 json 数据。接下来，利用 json 数据的结构，我们可以提取到评论的列表 comment_list。最后通过一个 for 循环，提取其中的评论文本，并输出打印。

输出的结果如图 4-8 所示。

第21条测试评论
第20条测试评论
第19条测试评论
第18条测试评论
第17条测试评论
第16条测试评论
第15条测试评论
第14条测试评论
第13条测试评论
第12条测试评论

图 4-8　显示输出的结果

上述教学只是爬取文章的第一页评论，十分简单。其实，我们经常需要爬取所有页面，如果还是人工一页页地翻页查找评论数据的地址，就会十分费力。下面将介绍网页 URL 地址的规律，并介绍一种非常轻松的爬取方法——使用 for 循环爬取。

例如，刚刚的文章第一页评论的真实地址是：

https://api-zero.livere.com/v1/comments/list?callback=jQuery112403473268296510956_1531502963311&limit=10&offset=1&repSeq=4272904&requestPath=%2Fv1%2Fcomments%2Flist&consumerSeq=1020&livereSeq=28583&smartloginSeq=5154&_=1531502963316

如果继续单击"加载更多跟帖"，从"审查元素"中可以发现第二页的地址是：

https://api-zero.livere.com/v1/comments/list?callback=jQuery112403473268296510956_1531502963311&limit=10&offset=2&repSeq=4272904&requestPath=%2Fv1%2Fcomments%2Flist&consumerSeq=1020&livereSeq=28583&smartloginSeq=5154&_=1531502963316

如果我们对比上面的两个地址，可以发现 URL 地址中有两个特别重要的变量，即 offset 和 limit。稍微理解一下可以知道，limit 代表的是每一页评论数量的最大值，也就是说，这里每一页评论最多显示 30 条；offset 代表的是第几页，第一页 offset 为 0，第二页为 1，那么第三页 offset 会是 2。

因此，我们只需在 URL 中改变 offset 的值便可以实现换页。以下是实现的代码：

```
import requests
import json

def single_page_comment(link):
    headers = {'User-Agent' : 'Mozilla/5.0 (Windows; U; Windows NT 6.1; en-US; rv:1.9.1.6) Gecko/20091201 Firefox/3.5.6'}
    r = requests.get(link, headers= headers)
    # 获取 json 的 string
    json_string = r.text
    json_string = json_string[json_string.find('{'):-2]
    json_data = json.loads(json_string)
    comment_list = json_data['results']['parents']

    for eachone in comment_list:
        message = eachone['content']
        print (message)

for page in range(1,4):
    link1 = "https://api-zero.livere.com/v1/comments/list?callback=jQuery112407875296433383039_1506267778283&limit=10&offset="
    link2 = "&repSeq=3871836&requestPath=%2Fv1%2Fcomments%2Flist&consumerSeq=1020&livereSeq=28583&smartloginSeq=5154&_=1506267778285"
    page_str = str(page)
    link = link1 + page_str + link2
    print (link)
    single_page_comment(link)
```

在上述代码中，single_page_comment(link)是之前爬取一个评论页面的代码，现在放入函数中，方便多次调取。另外，我们可以使用一个 for 循环分别抓取第一页和第二页，在生成最终真实的 URL 地址后调用函数抓取。

运行完代码，得到的结果如图 4-9 所示。

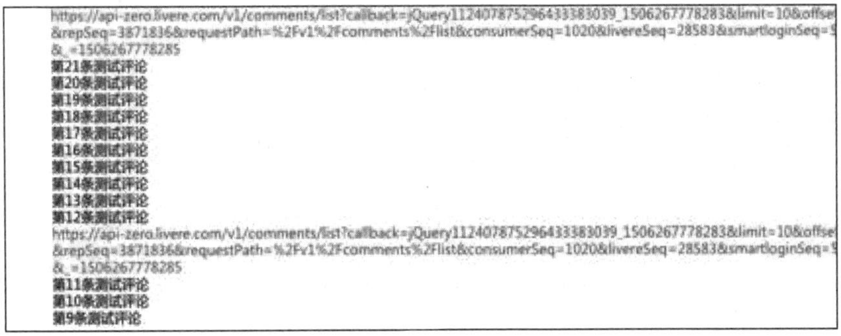

图 4-9 调用函数抓取结果

4.3 通过 Selenium 模拟浏览器抓取

在之前的例子中，使用 Chrome 的"检查"功能找到源地址十分容易，但是有些网站非常复杂，如天猫产品评论，使用"检查"功能很难找到调用的网页地址。除此之外，有些数据真实地址的 URL 也十分冗长和复杂，有些网站为了规避这些抓取会对地址进行加密，造成其中的一些变量让人摸不着头脑。

因此，这里介绍另一种方法，即使用浏览器渲染引擎。直接用浏览器在显示网页时解析 HTML、应用 CSS 样式并执行 JavaScript 的语句。

这种方法在爬虫过程中会打开一个浏览器加载该网页，自动操作浏览器浏览各个网页，顺便把数据抓下来。用一句简单而通俗的话说，就是使用浏览器渲染方法将爬取动态网页变成爬取静态网页。

我们可以用 Python 的 Selenium 库模拟浏览器完成抓取。Selenium 是一个用于 Web 应用程序测试的工具。Selenium 测试直接运行在浏览器中，浏览器自动按照脚本代码做出单击、输入、打开、验证等操作，就像真正的用户在操作一样。

4.3.1 Selenium 的安装与基本介绍

Selenium 的安装非常简单，和其他 Python 库一样，可以用 pip 安装。

```
pip install selenium
```

Selenium 的脚本可以控制浏览器进行操作，可以实现多个浏览器的调用，包括 IE（7、8、9、10、11）、Firefox、Safari、Google Chrome、Opera 等。常用的是 Firefox，因此下面的讲解也以 Firefox 为例，在运行之前需要安装 Firefox 浏览器。

首先，使用 Selenium 打开浏览器和一个网页，代码如下：

```
from selenium import webdriver
driver = webdriver.Firefox()
driver.get("http://www.santostang.com/2018/07/04/hello-world/")
```

运行之后，发现程序报错（如果没有错误则下面无需修改），错误为：

selenium.common.exceptions.WebDriverException: Message: 'geckodriver' executable needs to be in PATH.

在 Selenium 之前的版本中，这样做是不会报错的，但是 Selenium 新版无法正常运行。我们要下载 geckodriver，可以到 https://github.com/mozilla/geckodriver/releases 下载相应操作系统的 geckodriver，这是一个压缩文件，解压后可以放在桌面，如 C:\Users\santostang\Desktop\geckodriver.exe。最后的代码如下：

```
from selenium import webdriver

driver = webdriver.Firefox(executable_path = r'C:\Users\santostang\Desktop\geckodriver.exe')
#把上述地址改成你电脑中 geckodriver.exe 程序的地址

driver.get("http://www.santostang.com/2018/07/04/hello-world/")
```

运行后会打开 Hello World 这篇文章的页面，如图 4-10 所示。

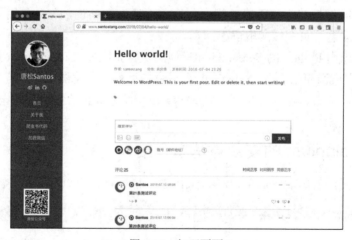

图 4-10　打开页面

4.3.2 Selenium 的实践案例

为了演示 Selenium 是怎么工作的,前面已用 Chrome 浏览器的"检查"功能解析了网页的真实地址,爬取了博客文章评论。接下来,我们将使用 Selenium 方法获取同样的博客评论数据,作为 Selenium 的实践案例。

由于 Selenium 使用浏览器渲染,因此那些评论数据已经渲染到了 HTML 代码中。我们可以使用 Chrome "检查"的方法定位元素位置。

步骤 01 找到评论的 HTML 代码标签。使用 Chrome 打开该文章页面,右击页面,在弹出的快捷菜单中单击"检查"命令。按照第 2 章的方法,定位到评论数据。如图 4-11 所示,可以看到该数据的标签为"第 21 条测试评论"。

图 4-11 找到评论的 HTML 代码标签

步骤 02 尝试获取一条评论数据。在原来打开页面的代码数据上使用以下代码,获取第一条评论数据。在下面代码中,driver.find_element_by_css_selector 是用 CSS 选择器查找元素,找到 class 为 'reply-content' 的 div 元素;find_element_by_tag_name 则是通过元素的 tag 去寻找,意思是找到 comment 中的 p 元素。最后,输出 p 元素中的 text 文本。

```
comment = driver.find_element_by_css_selector('div.reply-content')
content = comment.find_element_by_tag_name('p')
print (content.text)
```

运行上述代码,我们得到的结果是错误:"Message: Unable to locate element:div.reply-content"。这究竟是为什么呢?

步骤 03 我们可以在 jupyter 中键入 driver.page_source。找到为什么没有定位到评论元素，通过排查发现，原来代码中的 JavaScript 解析成了一个 iframe：<iframe title="livere" scrolling="no"...>，也就是说，所有的评论都装在这个框架之中，里面的评论并没有解析出来，所以我们才找不到 div.reply-content 元素。这时，需要加上对 iframe 的解析。

```
driver.switch_to.frame(driver.find_element_by_css_selector("iframe[title='livere']"))
comment = driver.find_element_by_css_selector('div.reply-content')
content = comment.find_element_by_tag_name('p')
print (content.text)
```

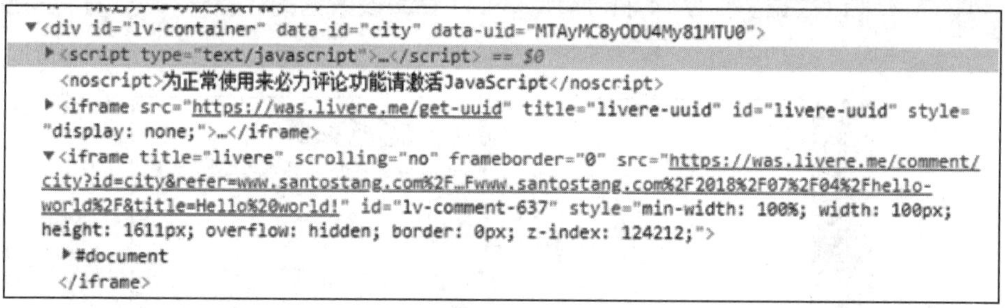

```
▼<div id="lv-container" data-id="city" data-uid="MTAyMC8yODU4My81MTU0">
  ▶<script type="text/javascript">…</script> == $0
   <noscript>为正常使用来必力评论功能请激活JavaScript</noscript>
  ▶<iframe src="https://was.livere.me/get-uuid" title="livere-uuid" id="livere-uuid" style="display: none;">…</iframe>
  ▼<iframe title="livere" scrolling="no" frameborder="0" src="https://was.livere.me/comment/city?id=city&refer=www.santostang.com%2F…Fwww.santostang.com%2F2018%2F07%2F04%2Fhello-world%2F&title=Hello%20world!" id="lv-comment-637" style="min-width: 100%; width: 100px; height: 1611px; overflow: hidden; border: 0px; z-index: 124212;">
    ▶#document
   </iframe>
```

图 4-12 评论代码在 iframe 框架中

运行上述代码，我们可以得到最上面的一条评论：“第 21 条测试评论”。

4.3.3 Selenium 获取文章的所有评论

上一节只是获取了一条评论，如果要获取所有评论，需要脚本程序能够自动单击“+10 查看更多”。这样才能够把所有评论显示出来。

因此，我们需要找到“+10 查看更多”的元素地址，然后让 Selenium 模拟单击并加载评论。具体代码如下：

```
from selenium import webdriver
import time

driver = webdriver.Firefox(executable_path = r'C:\Users\santostang\Desktop\geckodriver.exe')
driver.implicitly_wait(20) # 隐性等待，最长等20秒
#把上述地址改成你电脑中 geckodriver.exe 程序的地址
driver.get("http://www.santostang.com/2018/07/04/hello-world/")
time.sleep(5)

for i in range(0,3):
```

```
    # 下滑到页面底部
    driver.execute_script("window.scrollTo(0, document.body.
scrollHeight);")
    # 转换 iframe，再找到查看更多，点击
    driver.switch_to.frame(driver.find_element_by_css_selector
("iframe[title='livere']"))
    load_more = driver.find_element_by_css_selector('button.more-
btn')
    load_more.click()
    # 把 iframe 又转回去
    driver.switch_to.default_content()
    time.sleep(2)

  driver.switch_to.frame(driver.find_element_by_css_selector("ifram
e[title='livere']"))
  comments = driver.find_elements_by_css_selector('div.reply-
content')
  for eachcomment in comments:
      content = eachcomment.find_element_by_tag_name('p')
      print (content.text)
```

代码的前面部分和之前一样，用来打开该文章页面。第一个 for 循环用来把所有的评论加载出来。首先，把页面用 driver.execute_script("window.scrollTo(0, document.body.scrollHeight);")下滑到页面底部，这样才会出现"+10 查看更多"的元素。

接下来，就需要用 driver.switch_to.frame()解析 iframe，使用 driver.find_element_by_css_selector('button.more-btn')找到该元素，然后使用.click()方法模拟单击并加载，那么就会加载多 10 个评论。因为解析 iframe 后，下滑的代码就用不了了，所以又要用 driver.switch_to.default_content() 转回为本来的未解析 iframe。使用 time.sleep(2)可以让代码等待 2 秒钟，让它来加载评论。

用 for 循环加载 3 页的评论之后，那么就可以提取评论了。

在加载出前面几页的评论之后，可以像之前的代码一样，把评论提取出来。不过，首先还是要用 driver.switch_to.frame()解析下已经转回去的 iframe。之后才可以用 driver.find_elements_by_css_selector 提取评论。

运行完成后，打印出来的结果如图 4-13 所示。

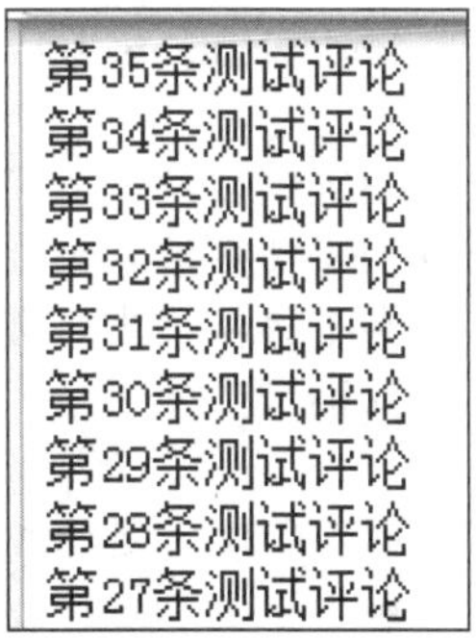

其实，Selenium 选择元素的方法有很多，具体如下：

图 4-13 输出结果

- find_element_by_css_selector：通过元素的 class 选择，如<div class='bdy-inner'>test</div>可以使用 find_element_by_css_selector ('div.bdy-inner')。
- find_element_by_xpath：通过 xpath 选择，如<form id="loginForm"> 可以使用 driver.find_element_by_xpath("//form[@id='loginForm']")。
- find_element_by_id：通过元素的 id 选择，如<div id='bdy-inner'>test</div>可以使用 driver.find_element_by_id(' bdy-inner')。
- find_element_by_name：通过元素的 name 选择，如<input name="username" type="text" />可以使用 driver.find_element_by_name('password')。
- find_element_by_link_text：通过链接地址选择，如<a href="continue.html">Continue</a>可以使用 driver.find_element_by_link_text('Continue')。
- find_element_by_partial_link_text：通过链接的部分地址选择，如<a href="continue.html">Continue</a>可以使用 driver.find_element_by_partial_link_text('Conti')。
- find_element_by_tag_name：通过元素的名称选择，如<h1>Welcome</h1>可以使用 driver.find_element_by_tag_name('h1')。
- find_element_by_class_name：通过元素的 class 选择，如<p class="content">Site content goes here.</p> 可以使用 driver.find_element_by_class_name ('content')。

有时，我们需要查找多个元素。上述例子就查找了所有的评论。因此，也有对应的元素选择方法，就是在上述的 element 后加上 s，变成 elements。

find_elements_by_name

find_elements_by_xpath

find_elements_by_link_text

find_elements_by_partial_link_text

find_elements_by_tag_name

find_elements_by_class_name

find_elements_by_css_selector

其中，xpath 和 css_selector 是比较好的方法，一方面比较清晰，另一方面相对其他方法定位元素比较准确。

在上述例子中，我们使用了 Selenium 的 click 操作元素方法。常见的操作元素方法如下：

- Clear：清除元素的内容。
- send_keys：模拟按键输入。
- Click：单击元素。

- Submit：提交表单。

```
user = driver.find_element_by_name("username")    #找到用户名输入框
user.clear    #清除用户名输入框内容
user.send_keys("1234567")    #在框中输入用户名
pwd = driver.find_element_by_name("password")    #找到密码输入框
pwd.clear    #清除密码输入框内容
pwd.send_keys("******")    #在框中输入密码
driver.find_element_by_id("loginBtn").click()    #单击登录
```

上述代码是一个自动登录程序截取的一部分。从代码中可以看到，可以用 Selenium 操作元素的方法对浏览器中的网页进行各种操作，包括登录。

Selenium 除了可以实现简单的鼠标操作，还可以实现复杂的双击、拖拽等操作。此外，Selenium 还可以获得网页中各个元素的大小，甚至可以进行模拟键盘的操作。由于篇幅有限，有兴趣的读者可以到 Selenium 的官方网站查看相关文档：http://selenium-python.readthedocs.io/index.html。

4.3.4 Selenium 的高级操作

使用 Selenium 和使用浏览器"检查"的方法爬取动态网页相比，因为 Selenium 要在整个网页加载出来后才开始爬取内容，速度往往较慢。

因此，在实际使用中，如果使用浏览器的"检查"功能进行网页的逆向工程不是很复杂，就最好使用浏览器的"检查"功能。不过，也有些方法可以用 Selenium 控制浏览器加载的内容，从而加快 Selenium 的爬取速度。常用的方法有：

（1）控制 CSS 的加载。
（2）控制图片文件的显示。
（3）控制 JavaScript 的运行。

（1）控制 CSS。因为抓取过程中仅仅抓取页面的内容，CSS 样式文件是用来控制页面的外观和元素放置位置的，对内容并没有影响，所以我们可以限制网页加载 CSS，从而减少抓取时间。其代码如下：

```
# 控制 css
from selenium import webdriver

fp = webdriver.FirefoxProfile()
fp.set_preference("permissions.default.stylesheet",2)

driver = webdriver.Firefox(firefox_profile=fp, executable_path =
```

```
r'C:\Users\santostang\Desktop\geckodriver.exe')
#把上述地址改成你电脑中 geckodriver.exe 程序的地址
driver.get("http://www.santostang.com/2018/07/04/hello-world/")
```

在上述代码中，控制 css 的加载主要用 fp = webdriver.FirefoxProfile()这个功能。设定不加载 css，使用 fp.set_preference("permissions.default.stylesheet",2)。之后使用 webdriver.Firefox(firefox_profile=fp)就可以控制不加载 css 了。运行上述代码，得到的页面如图 4-14 所示。

图 4-14 控制 CSS 的页面

（2）限制图片的加载。如果不需要抓取网页上的图片，最好可以禁止图片加载，限制图片的加载可以帮助我们极大地提高网络爬虫的效率。因为网页上的图片往往较多，而且图片文件相对于文字、CSS、JavaScript 等其他文件都比较大，所以加载需要较长时间。

```
# 限制图片的加载
from selenium import webdriver

fp = webdriver.FirefoxProfile()
fp.set_preference("permissions.default.image",2)

driver = webdriver.Firefox(firefox_profile=fp, executable_path = r'C:\Users\santostang\Desktop\geckodriver.exe')
#把上述地址改成你电脑中 geckodriver.exe 程序的地址
driver.get("http://www.santostang.com/2018/07/04/hello-world/")
```

与限制 css 类似，限制图片的加载可以用 fp.set_preference("permissions.default.image",2)。运行上述代码，得到的页面如图 4-15 所示。

图 4-15　限制显示图片

（3）控制 JavaScript 的运行。如果需要抓取的内容不是通过 JavaScript 动态加载得到的，我们可以通过禁止 JavaScript 的执行来提高抓取的效率。因为大多数网页都会利用 JavaScript 异步加载很多内容，这些内容不仅是我们不需要的，它们的加载还浪费了时间。

```
# 限制 JavaScript 的执行
from selenium import webdriver

fp = webdriver.FirefoxProfile()
fp.set_preference("javascript.enabled", False)

driver = webdriver.Firefox(firefox_profile=fp, executable_path = r'C:\Users\santostang\Desktop\geckodriver.exe')
#把上述地址改成你电脑中 geckodriver.exe 程序的地址
driver.get("http://www.santostang.com/2018/07/04/hello-world/")
```

这 3 种方法哪一种最节省时间呢？通过对上述 3 种方法的测试，尝试加载博客的主页 50 次，并对加载时间取平均值。这 3 种方法各自加载所需时间如表 4-1 所示。

表 4-1 不同方法加载所需的时间

脚本	时间	相对不限制的时间比
不做任何限制	52.278 秒	1
限制 CSS 加载	50.500 秒	1.04
限制图片加载	46.274 秒	1.13
限制 JavaScript 加载	51.461 秒	1.02
限制 CSS、图片、JavaScript 加载	41.878 秒	1.25

通过上述结果，我们发现 3 种限制方法都能使爬虫加载网页的速度有所加快，其中全部限制对于加载速度的提升效果最好。由于 3 种方法的时间相差并不是很多，再加上网络环境和随机变量的原因，因此我们并不能肯定哪种方法更好。具体的加载速度提升还得看相应的网页，若网页的图片比较多，则限制图片的加载肯定效果很好。

如果能够限制，那么最好限制多种加载，这样的效果最好。

4.4 Selenium 爬虫实践：深圳短租数据

本章实践项目的目的是获取 Airbnb 深圳前 5 页的短租房源。作为 Airbnb 的超赞房东，笔者特别喜欢 Airbnb 的理念，同时需要监控和了解竞争对手的房屋名称和价格，这样才能让自己的房子有竞争力。

本项目需要获取前 5 页短租房源的名称、价格、评价数量、房屋类型、床数量和客人数量。网页地址为：https://zh.airbnb.com/s/Shenzhen--China/homes。

4.4.1 网站分析

打开 Airbnb 深圳前 200 短租房源的网页，右击页面任意位置，在弹出的快捷菜单中单击"检查"命令，如图 4-16 所示。注意要关闭地图。

第 4 章　动态网页抓取

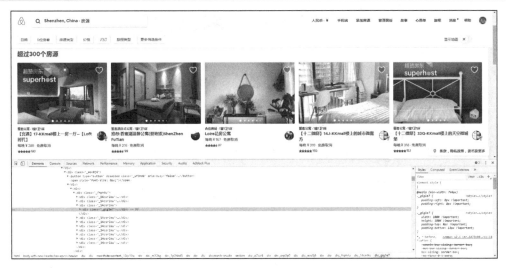

图 4-16　深圳前 200 短租房源的网页

在打开的代码中，我们可以找到各个数据所在的 HTML 代码的位置。首先可以找到一个房子的所有数据，如图 4-17 所示。

图 4-17　一个房子的所有数据

得到某房子所有数据的地址为：div._gig1e7。

然后在这些数据中定位价格数据，地址为 div._1yarz4r，如图 4-18 所示。

图 4-18　定位价格数据

之后定位评价数，地址为 span._1cy09umr，如图 4-19 所示。

65

图 4-19　定位评价数据

我们再定位房屋名称数据，地址为 div._vbshb6，如图 4-20 所示。

图 4-20　定位房屋名称数据

最后定位房间类型、房间数量，地址为 span._14ksqu3j，如图 4-21 所示。

图 4-21　定位房间类型、房间数量

这样，通过找到各个数据定位的 class 可以得到如表 4-2 所示的表格。由于 Airbnb 的元素定位可能会进行变更，下面表格的元素定位未必准确，所以请关注笔者博客了解最新的代码。

表 4-2　各个数据定位的 class

数据	元素	Class
某房子的所有数据	div	_gig1e7
价格	div	_1yarz4r
评价数	span	_1cy09umr
名称	div	_190019zr
房屋种类	small	_f7heglr
床数量	span	_14ksqu3j

4.4.2　项目实践

通过以上分析，我们已经能够获得各个数据所在的地址了，接下来用 Selenium 获取 Airbnb 第一页的数据。其代码如下：

```
from selenium import webdriver
import time
```

```
    driver = webdriver.Firefox(executable_path = r'C:\Users\
santostang\Desktop\geckodriver.exe')
    #把上述地址改成你电脑中 geckodriver.exe 程序的地址
    #在虚拟浏览器中打开 Airbnb 页面
    driver.get("https://zh.airbnb.com/s/Shenzhen--China/homes")

    #找到页面中所有的出租房
    rent_list = driver.find_elements_by_css_selector('div._gig1e7')

    #对于每一个出租房
    for eachhouse in rent_list:
        #找到评论数量
        try:
            comment = eachhouse.find_element_by_css_selector
('span._1cy09umr')
            comment = comment.text
        except:
            comment = 0
        #找到价格
        price = eachhouse.find_element_by_css_selector('div._1yarz4r')
        price = price.text.replace("每晚", "").replace("价格", "").
replace("\n", "")

        #找到名称
        name = eachhouse.find_element_by_css_selector('div._vbshb6')
        name = name.text
        #找到房屋类型，大小
        details = eachhouse.find_element_by_css_selector
('small._14ksqu3j')
        details = details.text
        house_type = details.split(" · ")[0]
        bed_number = details.split(" · ")[1]
        print (comment, price, name, house_type, bed_number)
```

首先，使用 Selenium 打开该页面，再使用 Selenium 的 css selector 获取所有房屋的 div 数据，也就是 driver.find_elements_by_css_selector('div._gig1e7')。在得到所有房屋的列表后，用 for 循环从中一个一个解析需要的数据。

根据 4.4.1 小节从网站分析找到的列表可以获得评论数、价格、房屋名称、房屋种类、床数量和房客数量的地址，在这里仍然使用 css selector 从中找到这些数据。值得注意的是，由于价格数据提取出来是类似 "每晚价格￥291"，所以我们需要用 price.text.replace("每晚", "").replace("价格", "").replace("\n", "")替换掉所有的无用字符，只保留价格符号和数字。另外，由于房屋种类、床数量都在元素 small

里，所以要用 details.split(" · ")，将字符串变成列表，之后再提取其中的房屋种类和床数量。

运行上述代码，得到的结果是：

180 ￥291 【宫遇】17-KKmall 楼上一房一厅--【Loft 时代】 整套公寓 1 室 1 卫 1 床

99 ￥215 推荐:香蜜湖温馨公寓(双地铁)ShenZhen FuTian 整套酒店式公寓 1 室 1 卫 1 床

87 ￥167 Loire 花房公寓 合住房间 1 室 1 卫 1 床

82 ￥368 LADYMA |原宿 摩洛哥风格 福田 CBD 会展中心#家庭影院 CocoPark 福田皇岗口岸岗厦地铁口 整套公寓 1 室 1 卫 1 床

150 ￥319 【十二微邸】14J-KKmall 楼上的城市微魔方 整套公寓 1 室 1 卫 1 床

153 ￥319 【十二微邸】32Q-KKmall 楼上的天空微城堡 整套公寓 1 室 1 卫 1 床

......

仅仅获取一个页面还不够，我们要获取前面 20 页的所有房屋，因此需要找到不同页数的网页地址的模式。打开第二页，发现网页地址变成了：

https://zh.airbnb.com/s/Shenzhen--China/homes?refinement_paths%5B%5D=%2Fhomes&allow_override%5B%5D=&s_tag=WU97x8Ms&section_offset=4&items_offset=18

打开第三页，网页地址变成了：

https://zh.airbnb.com/s/Shenzhen--China/homes?refinement_paths%5B%5D=%2Fhomes&allow_override%5B%5D=&s_tag=WU97x8Ms&section_offset=4&items_offset=36

上面的网址很长，似乎很难发现规律，其实变化只是最后的 items_offset =，每次增加一页只是 items_offset 增加了 18。于是，我们可以猜测其他的参数其实并没有影响网页结果，那么如果只留下 items_offset 这个参数看看会不会有结果，于是把第二页的地址改为：https://zh.airbnb.com/s/Shenzhen--China/homes?items_offset=18，输入浏览器地址栏，进入网址发现是一样的结果。

这就很容易理解了，其实改变页数就是把地址的 items_offset 变成相应的页数乘以 18，因此爬取前 5 页的数据可以把代码改成：

```
from selenium import webdriver
import time

driver = webdriver.Firefox(executable_path = r'C:\Users\
```

```
santostang\Desktop\geckodriver.exe')
    #把上述地址改成你电脑中geckodriver.exe程序的地址
    for i in range(0,5):
        link = "https://zh.airbnb.com/s/Shenzhen--China/homes?items_offset=" + str(i *18)
        driver.get(link)
        rent_list = driver.find_elements_by_css_selector('div._gig1e7')
        
        for eachhouse in rent_list:
            try:
                comment = eachhouse.find_element_by_css_selector('span._1cy09umr').text
            except:
                comment = 0
            price = eachhouse.find_element_by_css_selector('div._1yarz4r')
            price = price.text.replace("每晚", "").replace("价格", "").replace("\n", "")
            name = eachhouse.find_element_by_css_selector('div._vbshb6')
            name = name.text
            details = eachhouse.find_element_by_css_selector('small._14ksqu3j')
            details = details.text
            house_type = details.split(" · ")[0]
            bed_number = details.split(" · ")[1]
            print (comment, price, name, house_type, bed_number)
        time.sleep(5)
```

在上述代码中，我们仅仅为前面的代码加上了一个循环，从而获取第 1 到第 5 页的数据。数据格式之前的代码一样，这里就不展示了。

4.4.3 自我实践题

读者若有时间，可以实践进阶问题：将 Selenium 的控制 CSS 加载、控制图片加载和控制 JavaScript 加载加入本实践项目的代码中，从而提升爬虫的速度。

第 5 章

◀ 解析网页 ▶

我们已经能够使用 requests 库从网页把整个源代码爬取下来了，接下来需要从每个网页中提取一些数据。本章主要介绍使用 3 种方法提取网页中的数据，分别是正则表达式、BeautifulSoup 和 lxml。

3 种方法各有千秋，想要快速学习的读者可以先挑选一种自己喜欢的方法学习，3 种方法都能够解析网页。你也可以先阅读本章的最后一节，在了解 3 种方法各自的优缺点后，再选择一种方法开始学习。

5.1 使用正则表达式解析网页

正则表达式是对字符串操作的一种逻辑公式,就是用事先定义好的特定字符和这些特定字符的组合组成一个规则字符串,这个规则字符串用来表达对字符串的一种过滤逻辑。举一个简单的例子,假设字符串为 '我们爱吃苹果,也爱吃香蕉',我们需要提取其中的水果,用正则表达式匹配 '爱吃' 后面的内容就可以找到 '苹果' 和 '香蕉' 了。

在提取网页中的数据时,我们可以先把源代码变成字符串,然后用正则表达式匹配想要的数据。刚刚接触正则表达式时可能会觉得晦涩难懂,但是使用正则表达式可以迅速地用极简单的方式达到字符串的复杂控制。

表 5-1 是常见的正则字符和含义。如果想了解更为详细的正则表达式文档,可以访问:https://docs.python.org/3/library/re.html。

表 5-1 常见的正则字符和含义

模式	描述	模式	描述
.	匹配任意字符,除了换行符	\s	匹配空白字符
*	匹配前一个字符 0 次或多次	\S	匹配任何非空白字符
+	匹配前一个字符 1 次或多次	\d	匹配数字,等价于 [0-9]
?	匹配前一个字符 0 次或 1 次	\D	匹配任何非数字,等价于 [^0-9]
^	匹配字符串开头	\w	匹配字母数字,等价于[A-Za-z0-9_]
$	匹配字符串末尾	\W	匹配非字母数字,等价于[^A-Za-z0-9_]
()	匹配括号内的表达式,也表示一个组	[]	用来表示一组字符

首先,我们介绍 Python 正则表达式的 3 种方法,分别是 re.match、re.search 和 re.findall。

5.1.1 re.match 方法

re.match 的意思是从字符串起始位置匹配一个模式,如果从起始位置匹配不了,match()就返回 none。

re.match 的语法为 re.match(pattern, string, flags=0),其中 pattern 是正则表达式,包含一些特殊的字符,string 为要匹配的字符串,flags 用来控制正则表达式的匹配方式,如是否区分大小写、多行匹配等。

例如,我们想使用两个字符串匹配并找到匹配的位置,可以使用:

```
import re
m = re.match('www', 'www.santostang.com')
print ("匹配的结果：", m)
print ("匹配的起始与终点：", m.span())
print ("匹配的起始位置：", m.start())
print ("匹配的终点位置：", m.end())
```

得到的结果为：

匹配的结果：　　<_sre.SRE_Match object; span=(0, 3), match='www'>

匹配的起始与终点：　(0, 3)

匹配的起始位置：　0

匹配的终点位置：　3

上述例子中的 pattern 只是一个字符串，我们也可以把 pattern 改成正则表达式，从而匹配具有一定模式的字符串，例如：

```
line = "Fat cats are smarter than dogs, is it right?"
m = re.match( r'(.*) are (.*?) ', line)
print ('匹配的整句话', m.group(0))
print ('匹配的第一个结果', m.group(1))
print ('匹配的第二个结果', m.group(2))
print ('匹配的结果列表', m.groups())
```

得到的结果为：

匹配的整句话　Fat cats are smarter

匹配的第一个结果　Fat cats

匹配的第二个结果　smarter

匹配的结果列表　('Fat cats', 'smarter')

为什么这里(.*)匹配了 Fat cat，而(.*?)只匹配了 smarter 呢？

这就涉及正则表达式匹配中默认的贪婪模式总是尝试匹配尽可能多的字符。在上述例子中，(.*) are 会尽量匹配最多的字符，因此把 Fat cat 匹配了。非贪婪模式则相反，总是尝试匹配尽可能少的字符，are (.*?)会尽量匹配尽量少的字符，因此把 smarter 匹配了。

为什么要在 match 的模式前加上 r 呢？

r'(.*) are (.*?) .*'前面的 r 意思是 raw string，代表纯粹的字符串，使用它就不会对引号里面的反斜杠'\'进行特殊处理。要解释清楚，可以举个例子。例如：

```
print ('Hello\World\nPython')
```

结果为：

Hello\World
Python

可以看到里面的'\n'已转义为换行符，但是'\W'没有转义，这是因为'\W'在字符串转义中没有对应特殊字符。如果现在需要不对'\n'转义，原封不动输出'Hello\World\nPython'呢？

第一种方法我们可以写成

```
print ('Hello\World\\nPython')
```

两个反斜杠的"字符串转义"会把"\\"转义为"\"。

第二种方法是使用 r'...'，原始字符串的方法，不会对引号里面的反斜杠'\'进行特殊处理。

```
print (r'Hello\World\nPython')
```

以上是字符串转义中 raw string 的用法，那么正则表达式的转义怎么用呢？

```
import re

string = r'2\7'
m = re.match('(\d+)\\\\', string)
print (m.group(1))  # 结果为：2

n = re.match(r'(\d+)\\', string)
print (n.group(1))  # 结果为：2
```

首先需要知道的是，正则表达式字符串需要经过两次转义，这两次分别是上面的"字符串转义"和"正则转义"

正则表达式如果不用 r'...'方法的话，就需要进行"字符串转义"和"正则转义"。在上述案例中，需要匹配 r'2\7' 中的字符"\"，使用编程语言表示的正则表达式里就需要 4 个反斜杠"\\\\"：前两个反斜杠"\\"和后两个反斜杠"\\"各自在字符串转义成一个反斜杠"/"，所以 4 个反斜杠"\\\\"就转义成了两个反斜"\\"，这两个反斜杠"\\"最终在正则表达式转义成一个反斜杠"\"。

如果使用 r'...'方法的话，不用进行字符串转义，直接进入第二步"正则转义"，在正则转义中"\\"被转义为了"\"，这个例子中可以使用 r"\\"表示。

5.1.2 re.search 方法

re.match 只能从字符串的起始位置进行匹配，而 re.search 扫描整个字符串并返回第一个成功的匹配，例如：

```
import re
m_match = re.match('com', 'www.santostang.com')
m_search = re.search('com', 'www.santostang.com')
print (m_match)
print (m_search)
```

得到结果为：

None

<_sre.SRE_Match object; span=(15, 18), match='com'>

其他方面 re.search 与 re.match 一样，可以参照上面的 re.match 来操作。

5.1.3 re.findall 方法

上述 match 和 search 方法中，我们只能找到一个匹配所写的模式，而 findall 可以找到所有的匹配，例如：

```
import re
m_match = re.match('[0-9]+', '12345 is the first number, 23456 is the sencond')
m_search = re.search('[0-9]+', 'The first number is 12345, 23456 is the sencond')
m_findall = re.findall('[0-9]+', '12345 is the first number, 23456 is the sencond')
print (m_match.group())
print (m_search.group())
print (m_findall)
```

上述代码的'[0-9]+'表示任意长度的数字，然后在后面的字符串中进行匹配。
运行上述代码，得到的结果是：

12345

12345

['12345', '23456']

findall 与 match、search 不同的是，findall 能够找到所有匹配的结果，并且以列表的形式返回。当爬取博客文章的标题时，如果提取的不只是一个标题，而是所有标题，就可以用 findall。

博客的文章标题部分的 HTML 代码如下：

```
<header class="clearfix">
    <h1 class="post-title"><a href="http://www.santostang.com/2018/07/04/hello-world/">Hello world!</a></h1>
    <div class="post-meta">
        <span class="meta-span"><i class="fa fa-calendar"></i> 07月04日</span>
        <span class="meta-span"><i class="fa fa-folder-open-o"></i> <a href="http://www.santostang.com/category/python-%e7%bd%91%e7%bb%9c%e7%88%ac%e8%99%ab/" rel="category tag">Python 网络爬虫</a></span>
        <span class="meta-span"><i class="fa fa-commenting-o"></i> <a href="http://www.santostang.com/2018/07/04/hello-world/#comments">1条评论</a></span>
        <span class="meta-span hidden-xs"><i class="fa fa-tags" aria-hidden="true"></i> </span>
    </div>
</header>
```

抓取博客主页所有文章标题的 Python 代码如下：

```python
import requests
import re

link = "http://www.santostang.com/"
headers = {'User-Agent' : 'Mozilla/5.0 (Windows; U; Windows NT 6.1; en-US; rv:1.9.1.6) Gecko/20091201 Firefox/3.5.6'}
r = requests.get(link, headers= headers)
html = r.text

title_list = re.findall('<h1 class="post-title"><a href=.*?>(.*?)</a></h1>',html)
print (title_list)
```

以上代码用于提取博客主页上所有文章的标题，这里使用 findall 匹配，使用 '<h1 class="post-title"><a href=.*?>(.*?)</a></h1>' 正则表达式表示对所有满足此条

件的结果。带有括号,表示只提取其中的(.*?)部分。运行代码,得到的结果是:

['4.3 通过 selenium 模拟浏览器抓取', '4.2 解析真实地址抓取', '第四章- 动态网页抓取 (解析真实地址 + selenium)', '《网络爬虫:从入门到实践》一书勘误', 'Hello world!']

这样就把所有的标题提取出来了。如果还想更加深入地学习正则表达式,或者在平时经常用到正则表达式,可以进入 Regular Expression 101 网站学习,网站地址为 https://regex101.com/。

5.2 使用 BeautifulSoup 解析网页

BeautifulSoup 可以从 HTML 或 XML 文件中提取数据。根据其官方文档的描述,Beautiful Soup 可以提供一些简单的、Python 式的函数用来处理导航、搜索、修改分析树等。BeautifulSoup 是一个工具箱,通过解析文档为用户提供需要抓取的数据,因为简单,所以不需要多少代码就可以写出一个完整的应用程序。

下面将介绍 BeautifulSoup 4 中的主要特性,并且提供示例来展示它适合做什么、怎样使用。

5.2.1 BeautifulSoup 的安装

安装 BeautifulSoup 非常简单,使用 pip 安装即可。在 cmd 中输入:

```
pip install bs4
```

之后按回车键就可以成功安装了。

Beautiful Soup 支持 Python 标准库中的 HTML 解析器,还支持一些第三方的解析器。

表 5-2 列出了主要的解析器及其优缺点。

表 5-2 解析器及其优缺点

解析器	使用方法	优势	劣势
Python 标准库	BeautifulSoup(markup, "html.parser")	Python 的内置标准库 执行速度适中 文档容错能力强	速度较慢

(续表)

解析器	使用方法	优势	劣势
Lxml HTML 解析器	BeautifulSoup(markup, "lxml")	速度快 文档容错能力强 bs4 自带（极力推荐）	无
lxml XML 解析器	BeautifulSoup(markup, ["lxml", "xml"]) BeautifulSoup(markup, "xml")	速度快 唯一支持 XML 的解析器	无
html5lib	BeautifulSoup(markup, "html5lib")	最好的容错性 以浏览器的方式解析文档 生成 HTML5 格式的文档	速度慢 不依赖外部扩展

使用 lxml 的解析器将会解析得更快，这里也推荐大家使用。

5.2.2 使用 BeautifulSoup 获取博客标题

前面我们使用 re 正则表达式获取过博客主页文章的所有标题，这里重新使用 BeautifulSoup 获取。获取的代码如下：

```
import requests
from bs4 import BeautifulSoup

link = "http://www.santostang.com/"
headers = {'User-Agent' : 'Mozilla/5.0 (Windows; U; Windows NT 6.1; en-US; rv:1.9.1.6) Gecko/20091201 Firefox/3.5.6'}
r = requests.get(link, headers= headers)

soup = BeautifulSoup(r.text,"lxml")
first_title = soup.find("h1", class_="post-title").a.text.strip()
print ("第1篇文章的标题是：", first_title)

title_list = soup.find_all("h1", class_="post-title")
for i in range(len(title_list)):
    title = title_list[i].a.text.strip()
    print ('第 %s 篇文章的标题是: %s' %(i+1, title))
```

运行上述代码，得到的结果是：

第 1 篇文章的标题是：4.3 通过 selenium 模拟浏览器抓取
第 1 篇文章的标题是：4.3 通过 selenium 模拟浏览器抓取
第 2 篇文章的标题是：4.2 解析真实地址抓取
第 3 篇文章的标题是：第四章- 动态网页抓取 (解析真实地址 + selenium)

第 4 篇文章的标题是：《网络爬虫：从入门到实践》一书勘误

第 5 篇文章的标题是：Hello world!

首先，我们需要使用 BeautifulSoup(r.text,"lxml")将网页响应体的字符串转化为 soup 对象，然后就可以使用 soup 库的功能了。

如果想找到 html 代码中的 \<h1\> 元素，class 为 ' post-title'，可以用 soup.find("h1", class_="post-title")，然后加上 .a.text 提取\<a\>元素中的文字得到第一篇文章的标题，strip() 的功能是把字符串左右的空格去掉。find 只是用来找到第一条结果，如果我们要找到所有结果，就需要用到 find_all。find_all 的结果是一个列表，从中提取需要的标题即可。

5.2.3　BeautifulSoup 的其他功能

为了演示 BeautifulSoup 的功能，这里截取博客主页的一段代码：

```
html = """
<body>
<header id="header">
    <h1 id="name">唐松 Santos</h1>
  <div class="sns">
      <a href="http://www.santostang.com/feed/" target="_blank" rel="nofollow" title="RSS"><i class="fa fa-rss" aria-hidden="true"></i></a>
      <a href="http://weibo.com/santostang" target="_blank" rel="nofollow" title="Weibo"><i class="fa fa-weibo" aria-hidden="true"></i></a>
      <a href="https://www.linkedin.com/in/santostang" target="_blank" rel="nofollow" title="Linkedin"><i class="fa fa-linkedin" aria-hidden="true"></i></a>
      <a href="mailto:tangsongsky@gmail.com" target="_blank" rel="nofollow" title="envelope"><i class="fa fa-envelope" aria-hidden="true"></i></i></a>
    </div>
    <div class="nav">
     <ul>
        <li><a href="http://www.santostang.com/">首页</a></li>
        <li><a href="http://www.santostang.com/sample-page/">关于我</a></li>
        <li><a href="http://www.santostang.com/python%e7%bd%91%e7%bb%9c%e7%88%ac%e8%99%ab%e4%bb%a3%e7%a0%81/">爬虫书代码</a></li>
```

```
        <li><a href="http://www.santostang.com/
%e5%8a%a0%e6%88%91%e5%be%ae%e4%bf%a1/">加我微信</a></li>
        <li><a href="https://santostang.github.io/">EnglishSite</a>
</li>
      </ul>
    </div>
  </header>
"""
```

首先，需要把代码转化成 BeautifulSoup 对象：

```
soup = BeautifulSoup(html, "lxml")
```

上面的代码看起来比较杂乱，soup 还可以对代码进行美化：

```
print (soup.prettify())
```

其实，BeautifulSoup 对象是一个复杂的树形结构，它的每一个节点都是一个 Python 对象，获取网页内容就是一个提取对象内容的过程。而提取对象的方法可以归纳为 3 种：

（1）遍历文档树
（2）搜索文档树
（3）CSS 选择器

1. 遍历文档树

首先介绍遍历文档树的方法。文档树的遍历方法就好像爬树一样，需要先爬到树干上，然后慢慢到小树干，最后到树枝上，就可以得到需要的数据了。例如，要获取 `<h1>` 标签，只需要输入：

```
soup.header.h1
```

得到结果：`<h1 id="name">唐松 Santos</h1>`

对于某个标签的所有子节点，我们可以用 contents 把它的子节点以列表的方式输出：

```
soup.header.div.contents
```

得到的结果是：

```
['\n',
 <a href="http://www.santostang.com/feed/" rel="nofollow" target="_blank" title="RSS"><i aria-hidden="true" class="fa fa-rss"></i></a>,
```

'\n',
 <a href="http://weibo.com/santostang" rel="nofollow" target="_blank" title="Weibo"><i aria-hidden="true" class="fa fa-weibo"></i></a>,
 …]

我们可以看到，真实的<a>标签都在 contents 列表的奇数项中，其他的都是 '\n'，所以可以输入：

```
soup.header.div.contents[1]
```

得到第一个<a>标签：<a href="http://www.santostang.com/feed/" rel="nofollow" target="_blank" title="RSS"><i aria-hidden="true" class="fa fa-rss"></i></a>。

我们也可以使用 children 方法获得所有子标签：

```
for child in soup.header.div.children:
    print (child)
```

上述方法只能获取该节点下一级的节点，如果要获得所有子子孙孙的节点，就要用.descendants 方法。其代码如下：

```
for child in soup.header.div.descendants:
    print(child)
```

除了获取子节点外，还可以使用.parent 方法获得父节点的内容：

```
a_tag = soup.header.div.a
a_tag.parent
```

对于刚刚的<a>节点，我们可以用此方法获取父节点。得到的结果是：

<div class="sns">
 <a href="http://www.santostang.com/feed/" rel="nofollow" target="_blank" title="RSS"><i aria-hidden="true" class="fa fa-rss"></i></a>
 …
 <a href="mailto:tangsongsky@gmail.com" rel="nofollow" target="_blank" title="envelope"><i aria-hidden="true" class="fa fa-envelope"></i></a></div>

2. 搜索文档树

遍历文档树的方法其实使用得比较少，最常用的是搜索文档树。在搜索文档树时，最常用的是 find()和 find_all()。

对于 find()和 find_all()的使用，已经在上一节爬取博客主页的文章标题中介绍过了，这里就不再重复。其实，find()和 find_all()方法还可以和 re 正则结合起来使用，例如：

```
for tag in soup.find_all(re.compile("^h")):
    print(tag.name)
```

输出的结果是：

html
header
h3

上面的例子能够找出所有以 h 开头的标签，这表示< header>和<h3>的标签都会被找到。如果传入正则表达式作为参数，Beautiful Soup 就会通过正则表达式的 match()来匹配内容。

3. CSS 选择器

CSS 选择器方法既可以作为遍历文档树的方法提取数据，也可以作为搜索文档树的方法提取数据。

首先，可以通过 tag 标签逐层查找，例如：

```
soup.select("header h1")
```

得到的结果是：[<h1 id="name">唐松 Santos</h1>]
也可以通过某个 tag 标签下的直接子标签遍历，例如：

```
print (soup.select("header > h3"))
print (soup.select("div > a"))
```

第一行得到的结果和前面一样，第二行得到的结果是<div>下所有的<a>标签，例如：

[<h1 id="name">唐松 Santos</h1>]

[<a href="http://www.santostang.com/feed/" rel="nofollow" target="_blank" title="RSS"><i aria-hidden="true" class="fa fa-rss"></i></a>, <a href="http://weibo.com/santostang" rel="nofollow" target="_blank" title="Weibo"><i aria-hidden="true" class="fa fa-weibo"></i></a>,…]

CSS 选择器也可以实现搜索文档树的功能。
例如，要找所有链接以 http://www.santostang.com/ 开始的<a>标签，代码如下：

```
soup.select('a[href^="http://www.santostang.com/"]')
```

得到的结果是:

[<a href="http://www.santostang.com/feed/" rel="nofollow" target="_blank" title="RSS"><i aria-hidden="true" class="fa fa-rss"></i></a>,

  <a href="http://www.santostang.com/">首页</a>,

  <a href="http://www.santostang.com/sample-page/">关于我</a>,

  <a href="http://www.santostang.com/python%e7%bd%91%e7%bb%">爬虫书代码</a>]

5.3 使用 lxml 解析网页

前面我们介绍了 BeautifulSoup 的用法,它已经非常强大。还有一些比较流行的解析库使用的是 Xpath 语法(如 lxml),同样是效率比较高的解析方法。lxml 使用 C 语言编写,解析速度比不使用 lxml 解析器的 BeautifulSoup 快一些。

5.3.1 lxml 的安装

安装 lxml 非常简单,使用 pip 安装即可。在 cmd 中输入:

```
pip install lxml
```

之后按回车键就可以成功安装了。

5.3.2 使用 lxml 获取博客标题

使用 lxml 提取网页源代码数据也有 3 种方法,即 XPath 选择器、CSS 选择器(已经在第 4 章介绍过)和 BeautifulSoup 的 find()方法。和 BeautifulSoup 相比,lxml 还多了一种 XPath 选择器方法。在本例中,我们将使用 lxml 中的 XPath 选择器来获取标题。

XPath 是一门在 XML 文档中查找信息的语言。XPath 使用路径表达式来选取 XML 文档中的节点或节点集,也可以用在 HTML 获取数据中。

获取博客主页所有文章标题的代码如下:

```
import requests
from lxml import etree
```

```
link = "http://www.santostang.com/"
headers = {'User-Agent' : 'Mozilla/5.0 (Windows; U; Windows NT
6.1; en-US; rv:1.9.1.6) Gecko/20091201 Firefox/3.5.6'}
r = requests.get(link, headers= headers)

html = etree.HTML(r.text)
title_list = html.xpath('//h1[@class="post-title"]/a/text()')
print (title_list)
```

运行上述代码，得到的结果是：

['4.3 通过 selenium 模拟浏览器抓取', '4.2 解析真实地址抓取', '第四章- 动态网页抓取 (解析真实地址 + selenium)', '《网络爬虫：从入门到实践》一书勘误', 'Hello world!']

和 BeautifulSoup 类似，使用 lxml 的时候需要先用 html = etree.HTML(r.text)解析为 lxml 的格式，然后使用 XPath 读取里面的内容。

其中，"//h1"代表选取所有<h1>子元素，"//"无论在文档中什么位置，后面加上[@class="post-title"]表示选取<h1>中 class 为"post-title"的元素，/a 表示选取<h1>子元素的<a>元素，/text()表示提取<a>元素中的所有文本。

得到的结果和之前 BeautifulSoup 方法的结果相同。从上述代码来看，lxml 使用 XPath 的方法比较麻烦，而 BeautifulSoup 的 find_all 更加简单一些。

虽然 XPath 看起来比较麻烦，但是 Chrome 的"检查"功能提供了很好查找 XPath 的工具。下面介绍查找任意一个元素 XPath 的方法。

步骤 01　使用 Chrome 打开博客主页 http://www.santostang.com/，右击页面任意位置，在弹出的快捷菜单中单击"检查"命令，显示如图 5-1 所示的页面。

图 5-1　使用 Chrome 打开检查页面

步骤 02　单击页面左上角的"鼠标"按钮，在网页中单击要提取的数据，如最后一篇文章 Hello World 的标题，可以看到在代码中定位到了该文章标题的位置，如图 5-2 所示。

图 5-2　定位到标题的位置

步骤 03　右击该元素，在弹出的快捷菜单中选择 Copy→Copy XPath，这样这个元素的 XPath 就可以复制到剪贴板，粘贴之后，得到该 XPath 为 //*[@id="main"]/div/div[1]/article[5]/header/h1/a。

使用 Chrome 的"检查"方法可以很快找到一个元素的 XPath，配合 lxml 使用，提取元素更加方便快捷。

5.3.3　XPath 的选取方法

XPath 使用路径表达式可以在网页源代码中选取节点，它是沿着路径来选取的，如表 5-3 所示。

表 5-3　XPath 路径表达式及其描述

表达式	描述
nodename	选取此节点的所有子节点
/	从根节点选取
//	从匹配选择的当前节点选择文档中的节点，而不考虑它们的位置
.	选取当前节点
..	选取当前节点的父节点
@	选取属性

下面是一个 XML 文档，我们将用 XPath 提取其中的一些数据。

```
<?xml version="1.0" encoding="ISO-8859-1"?>

<bookstore>
<book>
  <title lang="en">Harry Potter</title>
  <author>J K. Rowling</author>
  <year>2005</year>
  <price>29.99</price>
</book>
</bookstore>
```

表 5-4 列出了 XPath 的一些路径表达式及其结果。

表 5-4　路径表达式及其结果

路径表达式	结果
bookstore	选取 bookstore 元素的所有子节点
/bookstore	选取根元素 bookstore 注释：假如路径起始于正斜杠(/)，此路径始终代表到某元素的绝对路径
bookstore/book	选取属于 bookstore 子元素的所有 book 元素
//book	选取所有 book 子元素，无论它们在文档中什么位置
bookstore//book	选择属于 bookstore 元素后代的所有 book 元素，无论它们位于 bookstore 下的什么位置
//@lang	选取名为 lang 的所有属性

5.4　总结

表 5-5 总结了各种 HTML 解析器的优缺点。

表 5-5　HTML 解析器的优缺点

HTML 解析器	性能	易用性	提取数据方式
正则表达式	快	较难	正则表达式
BeautifulSoup	快（使用 lxml 解析）	简单	Find 方法 CSS 选择器
lxml	快	简单	XPath CSS 选择器

如果你面对的是复杂的网页源代码，那么正则表达式的书写可能会花费较长时间，这时选择 BeautifulSoup 和 lxml 比较简单。由于 BeautifulSoup 已经支持 lxml 解析，因此速度和 lxml 差不多，可以根据使用者的熟悉程度进行选择。因为学习新的方法也需要时间，所以熟悉 XPath 的读者可以选择 lxml。假如你是初学者，需要快速掌握提取网页中的数据，推荐使用 BeautifulSoup 的 find 方法。

5.5 BeautifulSoup 爬虫实践：房屋价格数据

本章的实践项目是获取安居客网站上北京二手房的数据。本项目需要获取前 10 页二手房源的名称、价格、几房几厅、大小、建造年份、联系人、地址、标签。网页地址为：https://beijing.anjuke.com/sale/。

5.5.1 网站分析

打开安居客北京二手房的网页，然后使用"检查"功能查看该网页的请求头，如图 5-3 所示。

图 5-3　安居客北京二手房的网页

首先，我们需要定位网页各个元素所在的地址。利用第 4 章章末实践提到的方法可以定位各个元素所在的地址，得到如表 5-6 所示的表格。

表 5-6　定位到各个元素所在的地址

元素	地址
某房屋所有数据	div, class= house-details
房屋名称	div, class= house-title > a
价格	span, class= price-det
均价	span, class= unit-price
几室几厅	div, class= details-item > span
面积	div, class= details-item > contents[3]
层数	div, class= details-item > contents[5]

(续表)

元素	地址
建造年份	div, class= details-item > contents[7]
房屋中介	span, class= brokername
地址	span, class= comm-address
标签	span, class= item-tags

5.5.2　项目实践

通过以上分析已经能够获得各个数据所在的地址，接下来用 requests 加上 BeautifulSoup 获取安居客北京二手房结果的第一页数据，代码如下：

```
import requests
from bs4 import BeautifulSoup

headers = {'User-Agent' : 'Mozilla/5.0 (Windows NT 6.1; WOW64) 
AppleWebKit/537.36 (KHTML, like Gecko) Chrome/57.0.2987.98 
Safari/537.36'}
link = 'https://beijing.anjuke.com/sale/'
r = requests.get(link, headers = headers)

soup = BeautifulSoup(r.text, 'lxml')
house_list = soup.find_all('li', class_="list-item")

for house in house_list:
    name = house.find('div', class_='house-title').a.text.strip()
    price = house.find('span', class_='price-det').text.strip()
    price_area = house.find('span', class_='unit-
price').text.strip()

    no_room = house.find('div', class_='details-item').span.text
    area = house.find('div', class_='details-item').contents[3].
text
    floor = house.find('div', class_='details-item').contents[5].
text
    year = house.find('div', class_='details-item').contents[7].
text
    broker = house.find('span', class_='brokername').text
    broker = broker[1:]
    address = house.find('span', class_='comm-address').text.
strip()
    address = address.replace('\xa0\xa0\n                   ',' ')
```

```
        tag_list = house.find_all('span', class_='item-tags')
        tags = [i.text for i in tag_list]
        print (name, price, price_area, no_room, area, floor, year,
broker, address, tags)
```

运行上述代码，得到的结果是：

整体格局紧凑，无浪费面积，带您穿梭各楼层间，方便快捷 1400 万 59322 元/m² 4室2厅 236m² 共3层 2012年建造 林光江 温哥华森林 昌平-昌平-立汤路 ['挑空厅', '房型正', '两房朝南']

宏福苑南二区、电梯房大一居、刚装修完还没住过人哦！ 180 万 24749 元/m² 1室1厅 73m² 中层(共20层) 2013年建造 马彦锋 宏福苑南二区 昌平-北七家-定泗路 ['环境优美', '交通便利', '繁华地段']

一套很不一般的两居室，室内层高特别，亮堂大气 440 万 48351 元/m² 2室2厅 91m² 高层(共8层) 2013年建造 赵淑平 金融街金色漫香苑 昌平-北七家-天权路2号 []

……

第1页共有60个房源结果，由于结果太长，因此这里就不一一展示了。在获取第1页的结果后，我们还需要获取从第1页到第10页的数据。其实，点开第2页可以发现 URL 地址的变成了 https://beijing.anjuke.com/sale/p2/。点开第3页，URL 的地址变成了 https://beijing.anjuke.com/sale/p3/。

也就是说，翻页的时候唯一变化的是最后的数据。基于此项发现，我们可以把爬虫程序加上循环，爬取前10页的数据，代码如下：

```
import requests
from bs4 import BeautifulSoup
import time

headers = {'User-Agent' : 'Mozilla/5.0 (Windows NT 6.1; WOW64)
AppleWebKit/537.36 (KHTML, like Gecko) Chrome/57.0.2987.98 Safari/
537.36'}
for i in range(1,11):
    link = 'https://beijing.anjuke.com/sale/p' + str(i)
    r = requests.get(link, headers = headers)
    print ('现在爬取的是第', i, '页')
    
    soup = BeautifulSoup(r.text, 'lxml')
    house_list = soup.find_all('li', class_="list-item")
    
    for house in house_list:
        name = house.find('div', class_ ='house-title').a.text.strip()
        price = house.find('span', class_='price-det').text.strip()
        price_area = house.find('span', class_='unit-price').text.strip()
```

```
            no_room = house.find('div', class_='details-item').span.text
            area = house.find('div', class_='details-item').contents[3].text
            floor = house.find('div', class_='details-item').contents[5].text
            year = house.find('div', class_='details-item').contents[7].text
            broker = house.find('span', class_='brokername').text
            broker = broker[1:]
            address = house.find('span', class_='comm-address').text.strip()
            address = address.replace('\xa0\xa0\n          ',' ')
            tag_list = house.find_all('span', class_='item-tags')
            tags = [i.text for i in tag_list]
            print(name, price, price_area, no_room, area, floor, year, broker, address, tags)
        time.sleep(5)
```

由于数据格式和前面的格式相同，因此这里就不展示数据的结果了。对于完整的代码和结果感兴趣的读者，可以从本书配套资源的下载地址下载。

5.5.3 自我实践题

在本章的实践中仅获取了搜索结果的房源数据，如果我们能够进入每个房源的页面，就可以获取更多数据，如图5-4所示。

图5-4 获取搜索结果的房源数据

读者若有时间，可以尝试进入上述房源的页面，获取其中的各项数据，如小区名称、房屋类型、房屋朝向、参考首付等。

第 6 章

◀ 数据存储 ▶

本章主要介绍将数据存储在文件中和存储在数据库中。当我们完成爬取网页并从网页中提取出数据后,需要把数据保存下来。本章将介绍两种保存数据的方法:

(1)存储在文件中,包括 TXT 文件和 CSV 文件。
(2)存储在数据库中,包括 MySQL 关系数据库和 MongoDB 数据库。

6.1 基本存储：存储至 TXT 或 CSV

6.1.1 把数据存储至 TXT

把数据存储至 TXT 文件的方法非常简单。在前面几章，特别是在第 2 章的"编写你的第一个爬虫"中应该已经试过把数据存储至 TXT 了。存储时仅需要几行代码（记得把下面地址"C:\\you\\desktop"替换成你自己的桌面地址）：

```
title = "This is a test sentence."
with open('C:\\you\\desktop\\title.txt', "a+") as f:
    f.write(title)
    f.close()
```

其中，with open('C:\\you\\desktop\\title.txt', "a+") as f: 的 a+ 为 Python 文件的读写模式，表示将对文件使用附加读写方式打开，如果该文件不存在，就会创建一个新文件。除了 a+ 以外，还有其他几种打开文件的方式，如表 6-1 所示。

表 6-1 几种打开文件的方式

读写方式	可否读写	若文件不存在	写入方式
w	写入	创建	覆盖写入
w+	读取+写入	创建	覆盖写入
r	读取	报错	不可写入
r+	读取+写入	报错	覆盖写入
a	写入	创建	附加写入
a+	读取+写入	创建	附加写入

根据不同的需要，我们可以采用不同的方式打开文件。一般在读取文件的时候可以使用 r 方式，如果文件不存在，就会返回错误，而且无法向该文件中写入数据，这样就保证了读取文件的可靠性。在写入文件的时候，我们可以选择 a+，数据会在文件最后添加进去，不会影响原有的数据，如果该文件不存在，就会创建一个新的文件。

上面的代码为什么要用两个反斜杠"\\"呢？第 5 章介绍正则表达式时有过说明，第一个反斜杠在编程语言中会被当作转义字符，如"\n"代表换行符，因此"\\"其实代表的是一个反斜杠。如果使用 r'，文件地址也可以表示为：

```
with open (r'C:\you\desktop\title.txt', "a+") as f:
```

r 会把里面的内容当作纯粹的字符串（raw string）处理。为了防止对反斜杠的转义，地址还可以斜杠"/"来写，也就是 with open ('C:/you/desktop/title.txt', "a+") as f:。

综上所述，地址可以写成如下 3 种形式：

（1）with open ('C:\\you\\desktop\\title.txt', "a+") as f:

（2）with open (r'C:\you\desktop\title.txt', "a+") as f:

（3）with open ('C:/you/desktop/title.txt', "a+") as f:

有时需要把几个变量写入 TXT 文件中，这时分隔符就比较重要了。可以采用 Tab 进行分隔，因为在字符串中一般不会出现 Tab 符号。用'\t'.join()将变量连接成一个字符串的代码如下：

```
output = '\t'.join(['name','title','age','gender'])
with open('C:\\you\\desktop\\test.txt', "a+") as f:
    f.write(output)
    f.close()
```

得到的结果如图 6-1 所示。

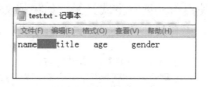

图 6-1　显示结果

有时还需要读取 TXT 文件中的数据，和写入数据的方式非常类似，把 write 改成 read 即可，代码如下：

```
with open('C:\\you\\desktop\\title.txt', "r") as f:
    result = f.read()
    print (result)
```

得到的结果是：This is a test sentence。

如果往 tlte.txt 文件添加两行文字，如图 6-2 所示，那么怎么分开读三行呢？

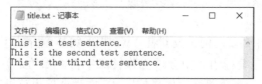

图 6-2　加入两行

其实很简单，在上面代码中的 f.read() 加入 .splitlines() 就好了，代码如下：

```
with open(r' C:\\you\\desktop\\title.txt', "r") as f:
    result = f.read().splitlines()
    print (result)
```

结果是：['This is a test sentence.', 'This is the second test sentence.', 'This is the third test sentence.']

6.1.2 把数据存储至 CSV

CSV（Comma-Separated Values）是逗号分隔值的文件格式，其文件以纯文本的形式存储表格数据（数字和文本）。CSV 文件的每一行都用换行符分隔，列与列之间用逗号分隔。

相对于 TXT 文件，CSV 文件既可以用记事本打开，又可以用 Excel 打开，表现为表格形式。由于数据用逗号已经分隔开来，因此可以十分整齐地看到数据的情况，而 TXT 文件经常遇到变量分隔的问题。此外，CSV 文件存储同样的数据占的大小也和 TXT 文件差不多，所以在 Python 网络爬虫中经常用来存储数据。

CSV 的使用分为读取和写入两方面，首先介绍 CSV 的读取。

如图 6-3 所示，我们可以使用 Excel 创建一个文件，里面的表格是 4×4 的，之后另存为 CSV，文件名为 test.csv，并放在 Jupyter 文件夹中。

图 6-3　Excel 保存的 test.csv

下面尝试使用 Python 读取 test.csv 中的数据。

```
import csv
with open('test.csv', 'r', encoding='UTF-8') as csvfile:
    csv_reader = csv.reader(csvfile)
    for row in csv_reader:
```

```
        print(row)
        print(row[0])
```

得到的结果是：

['A1', 'B1', 'C1', 'D1']
A1
['A2', 'B2', 'C2', 'D2']
A2
['A3', 'B3', 'C3', 'D3']
A3
['A4', 'B4', 'C4', 'D4']
A4

可见 csv_reader 把每一行数据转化成了一个列表（list），列表中从左至右的每个元素是一个字符串。

接下来介绍把数据写入 CSV 的方法，我们可以将变量加入到一个列表中，然后使用 writerow() 方法把一个列表直接写入一列中，代码如下：

```
import csv
output_list = ['1', '2','3','4']
with open('test2.csv', 'a+', encoding='UTF-8', newline='') as csvfile:
    w = csv.writer(csvfile)
    w.writerow(output_list)
```

用 Excel 打开结果 test2.csv，如图 6-4 所示。

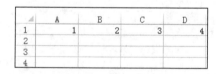

图 6-4　显示 test2.csv 的结果

6.2　存储至 MySQL 数据库

MySQL 是一种关系数据库管理系统，所使用的是 SQL 语言，是访问数据库常用的标准化语言。关系数据库将数据保存在不同的表中，而不是将所有数据放在一个大仓库内,这样就增加了写入和提取的速度,数据的存储也比较灵活。

什么是关系型数据库呢?就是建立在关系模型基础上的数据库。例如,存储 A 先生的个人信息(性别、年龄等)和购买记录,我们可以把所有的信息放在一个大表中,如果采取这样的方法,要增加或减少一个变量就要变动大部分数据,显得十分臃肿。关系型数据库就解决了这个问题,它把个人信息放在"用户"表中,购买记录放在"购买记录"表中,用 A 先生的用户 id 作为主关键字(primary key)把两个表关联起来。

由于 MySQL 关系数据库体积小、速度快而且免费,因此在网络爬虫的数据存储中作为常用的数据库。

6.2.1 下载安装 MySQL

MySQL 是跨平台的,我们可以选择对应的操作系统下载相应版本。下面将说明怎么在 Windows 操作系统上安装 MySQL。

步骤 01 下载 MySQL。进入 MySQL 官方网站下载页面(https://dev.mysql.com/downloads/windows/installer/)下载 Windows 版本。选择 msi 格式下载,下载文件为 mysql-installer-community-8.0.13.0.msi,如图 6-5 所示。

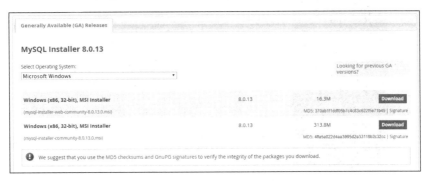

图 6-5 下载 MySQL

步骤 02 选择 MySQL 安装模块。双击下载的 mysql-installer-community-8.0.13.0.msi 文件安装,有几种可以选择的安装模式,选择 customer 自定义模式安装。自定义模式可以选择需要安装的模块,如图 6-6 所示是笔者选择安装的模块,其中 MySQL Server 为 MySQL 的核心模块,是必须安装的;MySQL Workbench 是 MySQL 的图形化操作界面,习惯界面化操作的可以使用 Workbench。

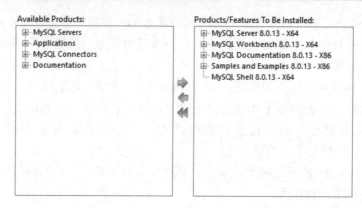

图 6-6 选择安装模板

选择完要安装的模块后单击 Next。然后单击 Execute，开始安装选好的 MySQL 模块，如图 6-7 所示。

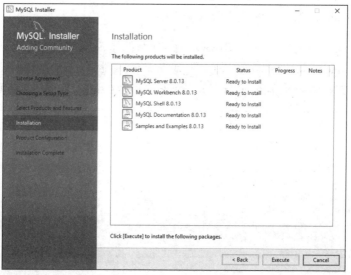

图 6-7 安装 MySQL 模块

步骤 03 配置 MySQL Server 模块。在第一个页面对 Group Replication 进行配置，选择 Standalone MySQL Server/Classic MySQL Replication，如图 6-8 所示。在一个页面 Product Configuration 对 MySQL Server 进行配置，如图 6-9 所示。

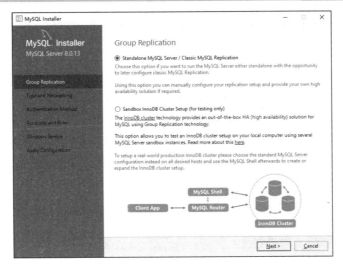

图 6-8　配置 Group Replication

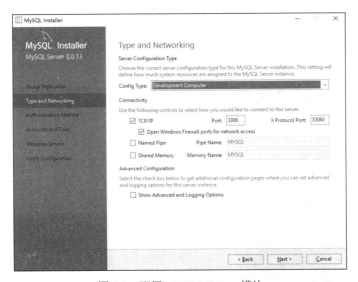

图 6-9　配置 MySQL Server 模块

- Developer Machine（开发机器）：该选项代表典型个人用桌面工作站。假定机器上运行着多个桌面应用程序，将 MySQL 服务器配置成使用最少的系统资源。
- Server Machine（服务器）：该选项代表服务器，MySQL 服务器可以同其他应用程序一起运行，如 FTP、E-Mail 和 Web 服务器。MySQL 服务器可以配置成使用适当比例的系统资源。
- Dedicated MySQL Server Machine（专用 MySQL 服务器）：该选项代表只运行 MySQL 服务的服务器。假定没有运行其他应用程序，MySQL 服务器就可以配置成使用所有可用系统资源。

因为此对话框仅使用 MySQL 开发，所以使用 Developer Machine 已经足够了，这样占用系统的资源不会很多，然后单击 Next 按钮。

步骤 04 在弹出的对话框中定义 root 用户的密码，在 MySQL Root Password（输入新密码）和 Repeat Password（确认）两个编辑框内输入期望的密码，如图 6-10 所示。请务必记住此时输入的密码，接下来会用到。如果想添加新用户，那么可以单击 Add User 按钮添加。

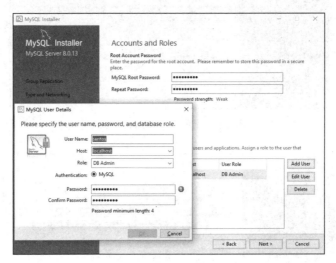

图 6-10　设置用户的密码

步骤 05 继续单击 Next 按钮，直到完成，如图 6-11 所示。

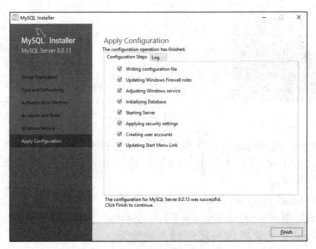

图 6-11　安装完成 MySQL

步骤 05 在连接 Server 页面输入之前添加的用户和密码，如图 6-12 所示。

第 6 章 数据存储

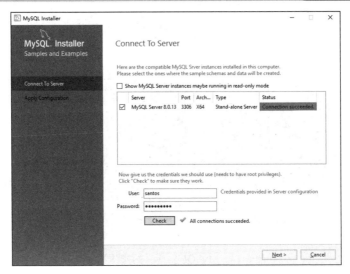

图 6-12 连接 Server

步骤 05 完成整个安装，点击 Finish 会弹出 MySQL workbench 和 MySQLShell 如图 6-13 所示。

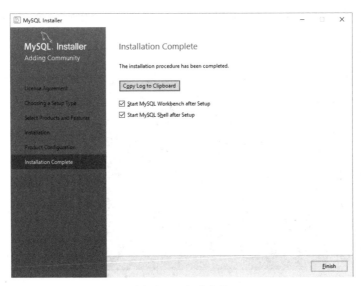

图 6-13 完成安装

6.2.2 MySQL 的基本操作

安装完 MySQL 后，就可以测试 MySQL 的运行了。如果熟悉使用命令行操作，就可以进入"开始"菜单，单击"所有程序"，找到 MySQL 文件夹，打开

99

MySQL 8.0 Command Line Client – Unicode。图 6-14 所示就是 MySQL Server 的操作界面，输入保存的 root 密码，再按回车键。

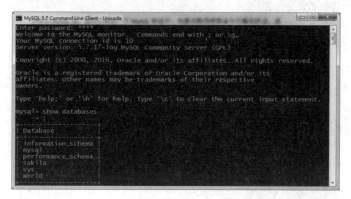

图 6-14　MySQL Server 的操作界面

输入 show databases;，记得后面一定要加上分号，然后按回车键，可以查看现在 MySQL 服务器中所有的数据库。

如果不熟悉命令行，那么可以用 MySQL Workbench 使用图形化界面来操作数据库。如图 6-15 所示，输入 root 的密码，然后进入 MySQL Workbench 的操作界面。在这个界面中，你既可以像在命令行中一样输入命令来操作数据库，也可以通过单击各种选项进行操作。

图 6-15　输入 root 的密码

这里我们输入 show databases;，然后按 Ctrl + Enter 组合键得到和命令行操作一样的结果，如图 6-16 所示。

图 6-16 操作界面

1. 创建数据库

如果需要创建一个网络爬虫的数据库,可以在命令行中输入:

```
CREATE DATABASE scraping;
```

如果需要使用其中一个数据库,创建之后,后面所有的命令都会运行在这个 scraping 数据库中,除非切换到另一个数据库。

```
USE scraping;
```

2. 创建数据表

这个数据库暂时什么都没有,我们需要在这个 scraping 数据库里创建一个表格:

```
CREATE TABLE urls;
```

结果显示错误:ERROR 1113 (42000):A table must have at least 1 column

这是因为创建数据表必须指明每一列数据的名称(column_name)和类别 (column_type),正确创建数据表的方法是:

```
CREATE TABLE urls(
id INT NOT NULL AUTO_INCREMENT,
url VARCHAR(1000) NOT NULL,
content VARCHAR(4000) NOT NULL,
created_time TIMESTAMP DEFAULT CURRENT_TIMESTAMP,
PRIMARY KEY (id)
);
```

在上述数据表中，我们创建了 4 个数据变量，分别是 id、url、content、created_time。其中，id 的类别是整数（INT），属性为自己增加（AUTO_INCREMENT），一般作为主键（PRIMARY KEY），新添加数据的数值会自动加 1。PRIMARY KEY 的关键字用于将 id 定义为主键。

其他 url 和 content 的类别是可变长度的字符串 VARCHAR，括号里的数字代表长度的最大值，NOT NULL 表示 url 和 content 不能为空。created_time 为该数据添加的时间，不需要设置，它会自动根据当时的时间填入。

创建数据表后，我们可以查看数据表的结构：

```
DESCRIBE urls;
```

结果如图 6-17 所示。

图 6-17　查看数据表的结构

3. 在数据表中插入数据

上面新创建的表格还是一个空表，我们可以插入一些数据：

```
INSERT INTO urls (url, content) VALUES ("www.baidu.com", "这是内容");
```

虽然这里只插入了 url 和 content 两个属性，但是因为 id 是自动递增的，created_time 是数据加入的时间戳，所以这两个变量一般不用手动定义，它们会自动填入。

4. 从数据表中提取数据

从上述 urls 数据表中将 id 等于 1 的数据行提取出来：

```
SELECT * FROM urls WHERE id=1;
```

这一段命令的意思是"从表 urls 中把 id 等于 1 的整行数据取出来"。值得注意的是，星号（*）代表所有字段。输出的结果如图 6-18 所示。

```
mysql> SELECT * FROM urls WHERE id=1;
+----+-----------------+-----------+---------------------+
| id | url             | content   | created_time        |
+----+-----------------+-----------+---------------------+
|  1 | www.baidu.com   | 这是内容  | 2018-11-25 22:31:04 |
+----+-----------------+-----------+---------------------+
1 row in set (0.00 sec)
```

图 6-18　从数据表中提取数据

如果我们只想看部分字段，也就是 url 和 content，只用 select 选择 url、content 即可。在 MySQL 的命令行输入：

```
SELECT url,content FROM urls WHERE id=1;
```

输出的结果如图 6-19 所示。

```
mysql> SELECT url,content FROM urls WHERE id=1;
+-----------------+-----------+
| url             | content   |
+-----------------+-----------+
| www.baidu.com   | 这是内容  |
+-----------------+-----------+
1 row in set (0.01 sec)
```

图 6-19　查看部分字段

除了将条件定义为"等于"，还可以用包含部分内容的方法，例如下面的例子：

```
SELECT id,url FROM urls WHERE content LIKE "%内容%";
```

这里只会把字段 id 和 url 的数据显示出来，提取的是 content 字段中包含 This 所有行的字段的 id 和 url 数据，%在 MySQL 中表示字符串通配符。输出的结果如图 6-20 所示。

```
mysql> SELECT id,url FROM urls WHERE content LIKE "%内容%";
+----+-----------------+
| id | url             |
+----+-----------------+
|  1 | www.baidu.com   |
+----+-----------------+
1 row in set (0.00 sec)
```

图 6-20　使用通配符

5. 删除数据

删除 url 是 www.baidu.com 的数据：

```
DELETE FROM urls WHERE url='www.baidu.com';
```

得到的结果是：Query OK, 1 row affected (0.05 sec)

值得注意的是，如果没有指定 WHERE 子句，上述命令就变成了 DELETE FROM urls。这样结果会非常严重，导致 MySQL 表中的所有记录被删除。有很多人不小心犯过这样的错误，所以一定要记得加入 WHERE，不然就会误删除整张表。

6. 修改数据

由于刚刚删除了一行数据，因此现在数据表格又变成空的了。下面再插入一行数据。由于 id 和 created_time 是数据库自行填入的，因此这一行数据的 id 为 2。

```
INSERT INTO urls (url, content) VALUES ("www.santostang.com", "Santos blog");
```

如果想修改这一行数据，将 id 等于 2 的 url 改成 www.google.com，content 改成 Google，那么可以用：

```
UPDATE urls SET url="www.google.com", content="Google" WHERE id = 2;
```

得到的结果如图 6-21 所示，表示已经成功修改了。

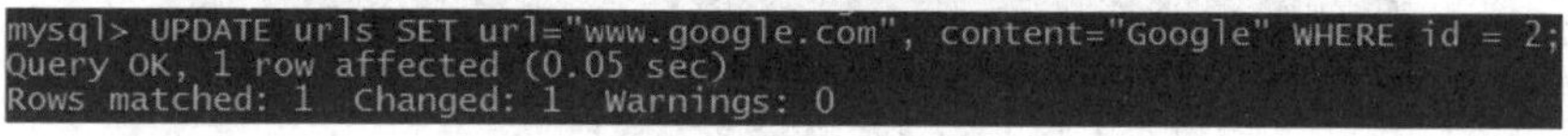

图 6-21 修改数据

本节讲述了 6 个基本的 MySQL 数据库的操作，包括创建数据库、创建数据表、在数据表中插入数据、提取数据、删除数据和修改数据。掌握这些技能已经能够让你将网络爬虫获取的数据存储到 MySQL 数据库中。如果还想深入学习 MySQL，可以参考网上的菜鸟教程：http://www.runoob.com/mysql/mysql-tutorial.html。

6.2.3 Python 操作 MySQL 数据库

我们已经熟悉了 MySQL 的一些操作，如何用 Python 操作 MySQL 呢？下面将把 Python 网络爬虫和 MySQL 数据库连接起来进行介绍。使用 Python 操作 MySQL 主要有几个库，本书介绍的 PyMySQL 安装方便，支持 Python3。

首先，需要用 pip 安装 PyMySQL 库，连接 Python 和 MySQL。在命令行中输入：

```
pip install pymysql
```

安装完成后，我们可以尝试用 Python 操作 MySQL，在数据库中插入数据，记得把下面的 passwd 密码改成你自己的密码：

```python
import pymysql

# 打开数据库连接
db = pymysql.connect("localhost","root","password","scraping" )

# 使用cursor()方法获取操作游标
cursor = db.cursor()

# SQL 插入语句
sql = """INSERT INTO urls (url, content) VALUES ('www.baidu.com',
'This is content.')"""
try:
    # 执行sql语句
    cursor.execute(sql)
    # 提交到数据库执行
    db.commit()
except:
    # 如果发生错误则回滚
    db.rollback()
# 关闭数据库连接
db.close()
```

打开 MySQL 8.0 Command Line Client – Unicode，查看一下结果。如果结果如图 6-22 所示，就表示成功插入了一行新的数据。

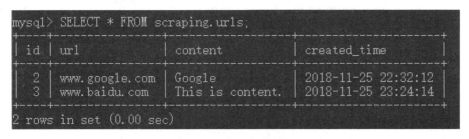

图 6-22　插入新的数据

其中，db = pymysql.connect()用于创建数据库的连接，里面可以指定参数（用户名、密码、主机等信息）。cursor = db.cursor()通过获取的数据库连接 conn 下的cursor()方法来创建游标。之后，通过游标 cur 操作 execute()方法可以写入纯 SQL 语句。

最后，在完成对 MySQL 数据库的操作后，记得关闭数据库连接。

接下来，就可以把之前在博客爬取的标题和 url 地址使用 Python 存储到 MySQL 数据库中了，代码如下：

```python
import requests
from bs4 import BeautifulSoup
import pymysql

db = pymysql.connect("localhost","root"," password","scraping" )
```

```
    cursor = db.cursor()

    link = "http://www.santostang.com/"
    headers = {'User-Agent' : 'Mozilla/5.0 (Windows; U; Windows NT
6.1; en-US; rv:1.9.1.6) Gecko/20091201 Firefox/3.5.6'}
    r = requests.get(link, headers= headers)

    soup = BeautifulSoup(r.text, "lxml")
    title_list = soup.find_all("h1", class_="post-title")
    for eachone in title_list:
        url = eachone.a['href']
        title = eachone.a.text.strip()
        cursor.execute("INSERT INTO urls (url, content) VALUES (%s,
%s)", (url, title))

    db.commit()
    db.close()
```

在 Jupyter 中输入上面的代码,运行得到的结果如图 6-23 所示。

id	url	content	created_time
2	www.google.com	Google	2018-11-25 22:32:12
3	www.baidu.com	This is content.	2018-11-25 23:24:14
4	http://www.santostang.com/2018/07/15/4-3-%e9%8...	4.3 通过selenium 模拟浏览器抓取	2018-11-28 23:14:41
5	http://www.santostang.com/2018/07/14/4-2-%e8%a...	4.2 解析真实地址抓取	2018-11-28 23:14:41
6	http://www.santostang.com/2018/07/14/%e7%ac%...	第四章-动态网页抓取 (解析真实地址 + sele...	2018-11-28 23:14:41
7	http://www.santostang.com/2018/07/11/%e3%80%...	《网络爬虫:从入门到实践》一书勘误	2018-11-28 23:14:41
8	http://www.santostang.com/2018/07/04/hello-world/	Hello world!	2018-11-28 23:14:41

图 6-23　显示结果

本节讲述了 Python 操作 MySQL 数据库的一些基本命令,包括如何执行 MySQL 命令和插入数据。如果还想深入学习 MySQL,可以参考网上的菜鸟教程:http://www.runoob.com/python3/python3-mysql.html。

6.3　存储至 MongoDB 数据库

在网络爬虫的时候需要存储大量数据,而且有时爬取返回的数据是 JSON 格式,这时选择使用 NoSQL 数据库存储就容易多了。本节将介绍使用 NoSQL 中非常流行的 MongoDB 作为数据库。

NoSQL 泛指非关系型数据库。传统的 SQL 数据库把数据分隔到各个表中,并用关系联系起来。但是随着 Web 2.0 网站的兴起,大数据量、高并发环境下的 MySQL 扩展性差,大数据下读取,写入压力大,表结构更改困难,使得 MySQL 应用开发越来越复杂。相比之下,NoSQL 自诞生之初就容易扩展,数据之间无关系，具有非常高的读写性能。

6.3.1 下载安装 MongoDB

MongoDB 是一款基于分布式文件存储的数据库，本身就是为 Web 应用提供可扩展的高性能数据存储。因此，使用 MongoDB 存储网络爬虫的数据再好不过了。

下面将介绍 Windows 系统中 MongoDB 的下载和安装方式。

步骤 01 下载 MongoDB。进入 MongoDB 的下载页面（https://www.mongodb.com/download-center#community），下载 Windows 的 msi 版本，如图 6-24 所示。

图 6-24　下载 MongoDB

步骤 02 安装 msi 程序。下载后双击安装程序，安装过程非常简单，为了方便安装，直接选择 Complete，如图 6-25 所示。完成后程序默认在 C:\Program Files\MongoDB 中。

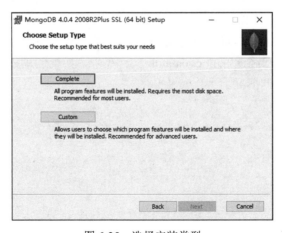

图 6-25　选择安装类型

步骤03 创建文件夹。在 C 盘下创建 C:\data\db 和 C:\data\log 两个文件夹，如图 6-26 所示。

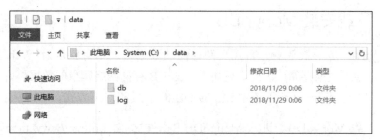

图 6-26　创建文件夹

然后在 log 文件夹下创建一个日志文件 mongodb.log，地址为 C:\data\log\mongodb.log，如图 6-27 所示。

图 6-27　创建 log 文件

data 文件夹，顾名思义是用来存放 MongoDB 数据的文件夹。其中，db 文件夹用来存放 MongoDB 的数据库（database），log 文件夹用来存放数据库的操作记录。

步骤04 创建 MongoDB 的数据库文件。打开 cmd.exe，输入 cd C:\Program Files\MongoDB\Server\4.0\bin，跳转到 MongoDB 所在的文件夹。然后输入 mongod.exe --dbpath c:\data\db，此命令可以将 MongoDB 的数据库文件创建到已经建好的 c:\data\db 文件夹中，如果创建成功，可以看到如图 6-28 所示的情况。

图 6-28 创建数据库

使用 MongoDB 主要有两种启动方式，一种是以程序的方式打开，另一种是以 Windows 服务的方式打开。在使用 MongoDB 时，一般使用 Windows 服务的方式打开，这样比较方便。下面介绍这两种启动方式。

步骤 05 使用 MongoDB 的程序启动方式。打开 MongoDB 安装文件夹，默认为 C:\Program Files\MongoDB\Server\4.0 \bin，找到 mongod.exe 双击打开（注意有 d 的为启动程序）。启动程序后，再运行 mongo.exe 程序（没有 d），如图 6-29 所示。

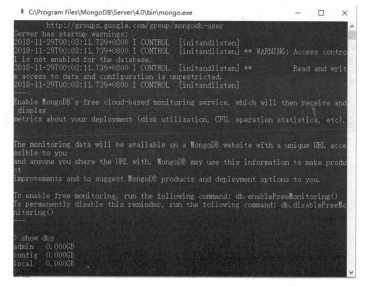

图 6-29 启动 mongo.exe 程序

在其中可以操作 MongoDB 数据库，例如输入：

```
show dbs
```

可以查看所有数据库。当 mongod.exe 被关闭时，mongo.exe 就无法连接到数据库了，因此每次想使用 mongodb 数据库时都要开启 mongod.exe 程序，比较麻烦。相比之下，以 Windows 服务的方式打开就方便得多。

步骤 06 以 Windows 服务的方式打开。以管理员的身份运行 cmd.exe，输入：

```
cd C:\Program Files\MongoDB\Server\4.0\bin
```

切换至 MongoDB 安装目录的 bin 文件夹，然后输入：

```
mongod.exe --logpath "C:\data\log\mongodb.log" --logappend --dbpath "C:\data\db" --serviceName "MongoDB" --install
```

这里 MongoDB.log 就是开始建立的日志文件，--serviceName "MongoDB" 服务名为 MongoDB。这时，Windows 服务运行模式已经安装完成了，接下来要启动 MongoDB，再输入：

```
net start MongoDB
```

如果看到如图 6-30 所示的界面，就表示 MongoDB 已经成功启动了。

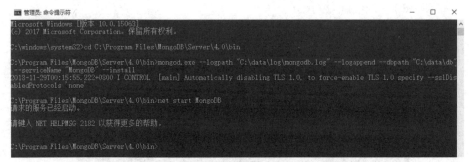

图 6-30　成功启动 MongoDB

6.3.2　MongoDB 的基本概念

为了更好地理解 MongoDB 的基本概念，如文档、集合和数据库，我们可以将 MongoDB 和 SQL 的一些概念进行比较，如表 6-2 所示。

表 6-2　SQL 与 MongoDB 术语的比较

SQL 术语	MongoDB 术语	解释/说明
database	database	数据库
table	collection	数据库表/集合
row	document	数据记录行/文档
column	field	数据字段/域
index	index	索引
table joins		表连接，MongoDB 不支持
primary key	primary key	主键，MongoDB 自动将_id 字段设置为主键

我们可以使用 SQL 的概念理解 MongoDB，如 MongoDB 中的集合（collection）类似 MySQL 中的表格，文档（document）类似 MySQL 中的数据记录行（row），域（field）类似 MySQL 中的数据字段（column）。

图 6-31 展示了一个例子，根据此例可以更好地理解 MongoDB 的一些概念。

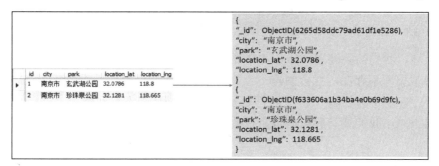

图 6-31　显示 SQL 与 MongoDB 对应的关系

不过 MongoDB 与 SQL 数据库有很大区别，MongoDB 的文档不需要设置相同的字段，并且相同的字段不需要相同的数据类型。如图 6-32 所示，第一个数据中有 "park", "location_lat", "location_lng" 字段，但是第二个数据的字段没有这些字段。

```
{
"_id": ObjectID(6265d58ddc79ad61df1e5286),
"city": "南京市",
"park": "玄武湖公园",
"location_lat": 32.0786 ,
"location_lng": 118.8
}
{
"_id": ObjectID(f633606a1b34ba4e0b69d9fc),
"name": "Peter",
"email": "peter@gmail.com",
"age": 18 ,
"city": "北京市"
}
```

图 6-32　MongoDB 的文档不需要设置相同的字段

6.3.3 Python 操作 MongoDB 数据库

我们已经熟悉了 MongoDB 的一些基本概念，那么如何用 Python 操作 MongoDB 呢？下面将把 Python 网络爬虫和 MongoDB 数据库连接起来进行介绍。

我们需要用 pip 安装 PyMongo 库，连接 Python 和 MongoDB。在命令行中输入：

```
pip install pymongo
```

安装完成后，可以尝试用 Python 操作 MongoDB，监测能否正常连接到数据库。

```
from pymongo import MongoClient
client = MongoClient('localhost',27017)
db = client.blog_database
collection = db.blog
```

首先，我们需要连接 MongoDB 的客户端，然后连接数据库 blog_database，如果该数据库不存在，就会创建一个数据库。接下来选择该数据的集合 blog，该集合不存在时也会创建一个。上述代码成功运行则代表没有问题。

接下来，我们要将爬取博客主页的所有文章标题存储至 MongoDB 数据库，代码如下：

```
import requests
import datetime
from bs4 import BeautifulSoup
from pymongo import MongoClient

client = MongoClient('localhost',27017)
db = client.blog_database
collection = db.blog

link = "http://www.santostang.com/"
headers = {'User-Agent' : 'Mozilla/5.0 (Windows; U; Windows NT 6.1; en-US; rv:1.9.1.6) Gecko/20091201 Firefox/3.5.6'}
r = requests.get(link, headers= headers)

soup = BeautifulSoup(r.text, "lxml")
title_list = soup.find_all("h1", class_="post-title")
for eachone in title_list:
    url = eachone.a['href']
    title = eachone.a.text.strip()
```

```
        post = {"url": url,
            "title": title,
            "date": datetime.datetime.utcnow()}
        collection.insert_one(post)
```

在上面的代码中，首先将爬虫获取的数据存入 post 的字典中，然后使用 insert_one 加入集合 collection 中。进入目录 C:\Program Files\MongoDB\Server\4.0\bin，双击 mongo.exe 打开，输入：

```
use blog_database
db.blog.find().pretty()
```

这样就能够查询数据集合的数据了，如图 6-33 所示。

图 6-33　查询数据

本节学习了 Python 操作 MongoDB 数据库的一些基本命令，如插入数据。如果还想深入学习 Python 操作 MongoDB 数据库，可以到 PyMongo 的官方网站学习，地址为 http://api.mongodb.com/python/current/index.html。

6.3.4　RoboMongo 的安装与使用

RoboMongo 是 MongoDB 的图形化管理工具，只要会使用 mongo shell，就可以使用 RoboMongo。在 6.3.3 小节中，我们在 MongoDB 的 shell 中打印出了 db.blog 的数据，但是不太容易查看，数据没有高亮显示总感觉缺少点什么。

如果你想可视化地管理 MongoDB 的数据，可以试一试使用 RoboMongo。下面介绍 RoboMongo 的安装。

步骤 01 进入 https://robomongo.org/download 下载 Robo 3T 选择 Windows 版本，robo3t-1.2.1-windows-x86_64-3e50a65.exe，如图 6-34 所示。

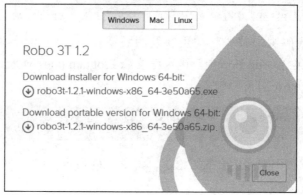

图 6-34　下载 RoboMongo

步骤 02 双击程序安装 Robo 3T。安装完成后，打开已经安装好的程序，在对话框中选择 Create，如图 6-35 所示。在下一个对话框中，按照默认选项单击 Save。之后，对于新创建的这个连接，单击 Connect。

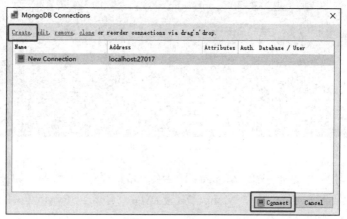

图 6-35　单击 Create

步骤 03 查看数据库。这时可以看到左边菜单中的 blog_database，单击打开，再单击 Collection，可以看到其中的 blog，再单击 blog 可以看到所有的标题数据，如图 6-36 所示。

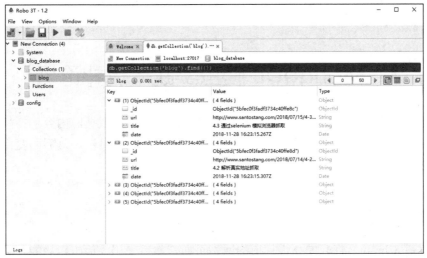

图 6-36　查看数据库

在对话框的右边能够很清楚地看到所有的数据，这种显示方式是不是比 Mongo Shell 中呈现得更加清晰呢？另外，上面还提供了找到这个数据的命令，图 6-36 中显示的是 db.getCollection('blog').find({})，我们也可以用该命令在 Mongo Shell 中找到想要的数据。

6.4　总结

我们可以在不同情境下使用不同的数据存储方式。如果仅仅用来存储测试用的数据，推荐使用 TXT 或 CSV 格式，因为这两种格式写入和读取都非常方便，可以很快速地打开文件查看。

但是，当 TXT 或 CSV 文件过大时，使用 Notepad 记事本打开 txt 文件就要花费很长时间，用 Excel 打开 CSV 文件更是惨不忍睹，试过的人都知道。而且要修改其中的数据也非常麻烦。因此，当数据量比较大、要与别人交换或别人也要访问时，使用数据库是一个明智的选择。

如果存储的数据不是关系型数据格式，推荐选择 MongoDB，甚至可以直接存储爬取的 JSON 格式数据而不用进行解析。如果是关系型的表格形式，那么可以使用 MySQL 存储数据。

6.5 MongoDB 爬虫实践：虎扑论坛

本章的实践项目是获取虎扑步行街论坛上所有帖子的数据，内容包括帖子名称、帖子链接、作者、作者链接、创建时间、回复数、浏览数、最后回复用户和最后回复时间，网页地址为 https://bbs.hupu.com/bxj。

6.5.1 网站分析

使用 Chrome 打开虎扑步行街的网站页面，然后使用"检查"功能查看网页的请求头，如图 6-37 所示。

图 6-37 虎扑步行街的网站页面

首先，可以在网页上定位帖子名称、帖子链接、作者、作者链接、创建时间、回复数、浏览数、最后回复用户、最后回复时间所在的位置，方便之后使用 BeautifulSoup 在网页中定位这些数据。

根据前面介绍的方法，以上数据所在的位置如表 6-3 所示。

表 6-3 数据所在的位置

数据	位置
某帖子所有数据	'ul', class='for-list' > li
帖子名称	'div',class_='titlelink box' > a
帖子链接	'div',class_='titlelink box' > a['href']
作者	'div',class_='author box' > a
作者链接	'div',class_='author box' > a['href']
创建时间	'div',class_='author box' > contents[5]
回复数	'span',class_='ansour box'
浏览数	'span',class_='ansour box'
最后回复用户	'div',class_='endreply box' > a
最后回复时间	'div',class_='endreply box' > span

除此之外，我们发现虎扑步行街的网站内容最多显示 100 页，如图 6-38 所示。

图 6-38 最多显示 100 页的内容

另外，当打开第二页的时候，网页 URL 地址变成了 https://bbs.hupu.com/bxj-2。当打开第三页的时候，网页 URL 地址变成了 https://bbs.hupu.com/bxj-3。

这样就很容易理解了，当翻页的时候，只是将网页 URL 地址的最后一个数据换成了相应的页数。

6.5.2 项目实践

在得到每一个数据所在的位置后，我们可以首先尝试获取第一页的数据。这个尝试的目的是发现第一页获取的数据是否有问题。发现没问题后，才可以应用这个解析数据的代码将数据添加到 MongoDB 数据库中。然后才可以爬后面的页面。

获取第一页数据的代码如下：

```
import requests
from bs4 import BeautifulSoup
import datetime

# 获取页面
def get_page(link):
    headers = {'User-Agent' : 'Mozilla/5.0 (Windows; U; Windows NT 6.1; en-US; rv:1.9.1.6) Gecko/20091201 Firefox/3.5.6'}
    r = requests.get(link, headers = headers)
```

```python
        html = r.content    #使用r.content解封装
        html = html.decode('utf-8')   #由UTF-8解码为unicode
        soup = BeautifulSoup(html, 'lxml')
        return soup

    # 解析网页
    def get_data(post_list):
        data_list =[]
        for post in post_list:
            title =post.find('div',class_='titlelink box').text.strip()
            post_link = post.find('div',class_='titlelink box').a['href']
            post_link = "https://bbs.hupu.com" + post_link

            author =post.find('div',class_='author box').a.text.strip()
            author_page =post.find('div',class_='author box').a['href']
            start_date = post.find('div',class_='author box').contents[5].text.strip()

            reply_view = post.find('span',class_='ansour box').text.strip()
            reply = reply_view.split('/')[0].strip()
            view = reply_view.split('/')[1].strip()

            reply_time = post.find('div',class_='endreply box').a.text.strip()
            last_reply = post.find('div',class_='endreply box').span.text.strip()
            if ':' in reply_time: #时间是11:27
                date_time = str(datetime.date.today()) + ' ' + reply_time
                date_time = datetime.datetime.strptime(date_time, '%Y-%m-%d %H:%M')
            elif reply_time.find("-") == 4: #时间是2017-02-27
                date_time = datetime.datetime.strptime(reply_time, '%Y-%m-%d').date()
            else: #时间是11-27
                date_time = datetime.datetime.strptime('2018-' + reply_time, '%Y-%m-%d').date()
            data_list.append([title, post_link, author, author_page, start_date, reply, view, last_reply, date_time])
        return data_list
```

```
link = "https://bbs.hupu.com/bxj"
soup = get_page(link)
post_all= soup.find('ul', class_="for-list")
post_list = post_all.find_all('li')
data_list = get_data(post_list)
for each in data_list:
    print (each)
```

在上述代码中，我们使用 get_page()函数来获取页面的内容，和前面不同的是，对于获取的代码用的不是 r.text 而是 r.content。这是因为此网站使用 gzip 封装，需要使用 r.content 解封装，然后把代码由 UTF-8 解码为 unicode。这部分涉及 Python 中的编码问题，在本书的第 10 章会详细介绍。

在获取页面内容之后，我们就可以使用 BeautifulSoup 解析想要的内容了。这里使用了一个函数 get_data()来解析 soup 中的数据。在 get_data()中，值得注意的是，获取的回复和浏览量是一个字符串，如'45 / 2906'。因此，我们需要使用 reply_view.split('/')将它分割成一个列表 list，然后分别取出回复量和浏览量。

此外，可以注意到如果是当天（也就是你查看网页的这一天）回复的帖子，只会显示当天的回复时间，没有显示回复日期。所以，我们要进行判断，如果在回复时间里有冒号":"，那么就要用今天的日期加上回复时间：

```
if ':' in reply_time:
    date_time = str(datetime.date.today()) + ' ' + reply_time
    date_time = datetime.datetime.strptime(date_time, '%Y-%m-%d %H:%M')
```

此外，如果是本年度的回复，就会显示"月-日"，如果是上一年的回复，就会显示完整的"年-月-日"。这里也可以对不同的情况进行处理，使用 datetime 将记录时间的字符串转化为统一的时间格式：

```
date_time = datetime.datetime.strptime(reply_time, '%Y-%m-%d').date()
date_time = datetime.datetime.strptime('2018-' + reply_time, '%Y-%m-%d').date()
```

这个转换很简单，只用将时间的格式'%Y-%m-%d'和字符串记录时间的格式匹配即可完成。

运行上述代码，得到的结果是：

['[置顶]\n 步行街主干道版规（严禁人肉、时政敏感帖，禁发募捐帖，切勿轻信他人，谨防诈骗）', 'https://bbs.hupu.com/15806550.html', ' 虎扑团队 ', 'https://my.hupu.com/272380999276581', '2017-01-18', '1', '3223399', ' 虎扑团队 ',

datetime.date(2017, 2, 27)]

[' 我 凭 借 这 首 诗 ， 可 以 占 据 古 风 圈 的 半 壁 江 山 吗 ？\n\n\xa0\n\n[\xa0\n2\n3\n\n\xa0]', 'https://bbs.hupu.com/24538338.html', '十一月的长安乱', 'https://my.hupu.com/39883852669530', '2018-11-28', '47', '18568', '瑞安吴彦祖', datetime.datetime(2018, 11, 29, 0, 48)]

现在数据基本上没有问题了，我们可以尝试将数据加入 MongoDB 中。但是这次加入 MongoDB 的方法和之前有些不一样。因为这次我们获取的是论坛数据，在虎扑论坛中，用户讨论得非常热烈，在翻到第二页的时候，可能新回复的帖子已经将原来第一页的帖子推到第二页，如果还用 insert_one 方法，那么同一个帖子可能会在数据库中出现两次记录，因此需要改用 update 方法。

这里，笔者写了一个使用 MongoDB 的类，可以很方便地连接数据库、提取数据库中的内容、向数据库中加入数据以及更新数据库中的数据。其代码如下：

```python
from pymongo import MongoClient

class MongoAPI(object):
    def __init__(self, db_ip, db_port, db_name, table_name):
        self.db_ip = db_ip
        self.db_port = db_port
        self.db_name = db_name
        self.table_name = table_name
        self.conn = MongoClient(host=self.db_ip, port=self.db_port)
        self.db = self.conn[self.db_name]
        self.table = self.db[self.table_name]
    def get_one(self, query):
        return self.table.find_one(query, projection={"_id": False})
    def get_all(self, query):
        return self.table.find(query)
    def add(self, kv_dict):
        return self.table.insert(kv_dict)
    def delete(self, query):
        return self.table.delete_many(query)
    def check_exist(self, query):
        ret = self.table.find_one(query)
        return ret != None
    # 如果没有会新建
    def update(self, query, kv_dict):
        self.table.update_one(query, {
            '$set': kv_dict
        }, upsert=True)
```

这个 MongoAPI 类可以实现很多功能，包括连接数据库的一个集合、使用 get_one(self, query) 获取数据库中的一条资料、使用 get_all(self, query) 获取数据库满足条件的所有数据、使用 add(self, kv_dict) 向集合中添加数据、使用 delete(self, query) 删除集合中的数据。还可以使用 check_exist(self, query) 查看集合中是否包含满足条件的数据，如果找到满足条件的数据，就返回 True；如果找不到满足条件的数据，就返回 False。同时，可以使用 update(self, query, kv_dict) 更新集合中的数据，如果在集合中找不到数据，就会新增一条数据。

输入以上代码后，便可以将之前爬取的数据加入数据库中了，代码如下：

```
hupu_post = MongoAPI("localhost", 27017, "hupu", "post")
for each in data_list:
    hupu_post.add({"title": each[0],
              "post_link": each[1],
             "author": each[2],
             "author_page": each[3],
             "start_date": str(each[4]),
             "reply": each[5],
             "view": each[6],
             "last_reply": each[7],
             "last_reply_time": str(each[8])})
```

在上述代码中，首先使用：

```
hupu_post = MongoAPI("localhost", 27017, "hupu", "post")
```

连接了数据库 hupu 中的 post 集合。和之前的代码不同的是，在上述代码的最后加上了 hupu_post.add({"title": each[0], "post_link": each[1], …})，将数据加入了刚刚创建的数据库集合中。

运行上述代码，可以在 RoboMongo 中查看结果，如图 6-39 所示。

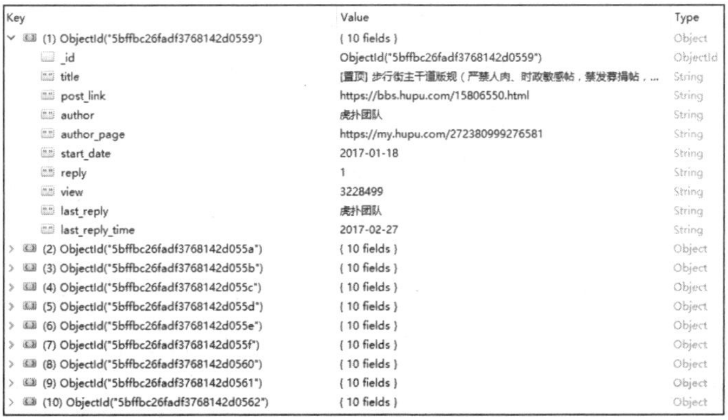

Key	Value	Type
(1) ObjectId("5bffbc26fadf3768142d0559")	{ 10 fields }	Object
_id	ObjectId("5bffbc26fadf3768142d0559")	ObjectId
title	[置顶] 步行街主干道版规（严禁人肉、时政敏感帖，禁发募捐帖，...	String
post_link	https://bbs.hupu.com/15806550.html	String
author	虎扑团队	String
author_page	https://my.hupu.com/272380999276581	String
start_date	2017-01-18	String
reply	1	String
view	3228499	String
last_reply	虎扑团队	String
last_reply_time	2017-02-27	String
(2) ObjectId("5bffbc26fadf3768142d055a")	{ 10 fields }	Object
(3) ObjectId("5bffbc26fadf3768142d055b")	{ 10 fields }	Object
(4) ObjectId("5bffbc26fadf3768142d055c")	{ 10 fields }	Object
(5) ObjectId("5bffbc26fadf3768142d055d")	{ 10 fields }	Object
(6) ObjectId("5bffbc26fadf3768142d055e")	{ 10 fields }	Object
(7) ObjectId("5bffbc26fadf3768142d055f")	{ 10 fields }	Object
(8) ObjectId("5bffbc26fadf3768142d0560")	{ 10 fields }	Object
(9) ObjectId("5bffbc26fadf3768142d0561")	{ 10 fields }	Object
(10) ObjectId("5bffbc26fadf3768142d0562")	{ 10 fields }	Object

图 6-39 在 RoboMongo 中查看结果

这样我们便将第 1 页的结果加入 MongoDB 中了。接下来，需要把第 1 页到第 100 页的数据都爬取下来，记住要在爬取之间间隔几秒，做一个遵守规则的爬虫。

```python
import requests
from bs4 import BeautifulSoup
import datetime
from pymongo import MongoClient
import time

hupu_post = MongoAPI("localhost", 27017, "hupu", "post")
for i in range(1,100):
    link = "https://bbs.hupu.com/bxj-" + str(i)
    soup = get_page(link)
    
    post_all= soup.find('ul', class_="for-list")
    post_list = post_all.find_all('li')
    data_list = get_data(post_list)
    for each in data_list:
        hupu_post.update({"post_link": each[1]},{"title": each[0],
                  "post_link": each[1],
                  "author": each[2],
                  "author_page": each[3],
                  "start_date": str(each[4]),
                  "reply": each[5],
                  "view": each[6],
                  "last_reply": each[7],
                  "last_reply_time": str(each[8]) })
    time.sleep(3)
    print ('第', i ,'页获取完成，休息3秒')
```

在上述代码中，我们首先加入了一个循环来获取第 1 页到第 100 页的数据。值得注意的是，在将数据输入 MongoDB 的时候，不再使用 add，而是使用 hupu_post.update，当发现数据库中已经有该帖子的链接时，更新数据；如果没有该帖子的链接，就会新增一条记录。正如前面所言，因为在抓取后面页数的数据时，由于时间差的关系，前一页的帖子可能会转到后一页去，因此需要用 update 解决这个问题。

运行上述代码，发现在 MongoDB 中有 11900 条数据，当然你们获取的数据量可能和这个不一样，因为时间差的关系，不同数量的帖子可能会被沉到下一页，如图 6-40 所示。

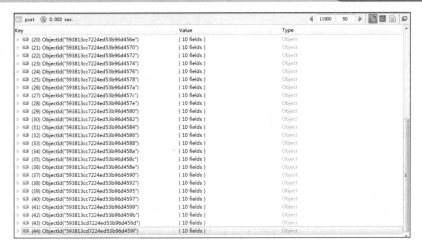

图 6-40　运行的结果

6.5.3　自我实践题

在本章的实践中，我们使用 MongoDB 存储了数据。有兴趣的读者可以尝试使用 MySQL 作为数据库存储数据，并使用 MySQL 中的 update 进行数据的更新。

第 7 章

◀ Scrapy框架 ▶

　　前面几章介绍了使用 requests 加 BeatifulSoup 工具来获取网页、解析网页、存储数据，上手比较简单，但是每个功能的代码都要自己实现。本章介绍的 Scrapy 是一个爬虫框架，它将上述的很多功能都封装进框架里。使用较少的代码就能完成爬虫的工作。

　　本章首先介绍 Scrapy 和 Requests 的对比，然后介绍如何安装 Scrapy，如何使用 Scrapy 进行抓取，Scrapy 的注意事项，最后通过 Scrapy 爬虫实践来实现真正上手。

7.1 Scrapy 是什么

Scrapy 是一个为了爬取网站数据，提取数据而编写的应用框架。简单来说，它把爬虫的三步：获取网页，解析网页，存储数据都整合成了这个爬虫框架。这样，通过 Scrapy 实现一个爬虫变得简单了很多。

7.1.1 Scrapy 架构

下面的图 7-1 展示了 Scrapy 的架构，包括了各个组件，以及数据流的情况（箭头所示）。

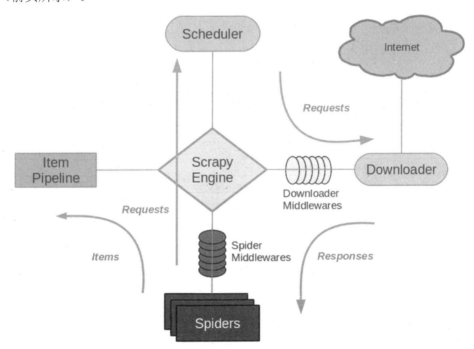

图 7-1　Scrapy 架构

Scrapy 主要的组件有 Scrapy Engine（引擎），Scheduler（调度器），Downloader（下载器），Spider（爬虫器），Item Pipeline（管道）。还有两个中间件：Downloader Middlewares（下载器中间件）和 Spider Middlewares（爬虫器中间件）。这些组件的功能分别是：

- 引擎：负责控制数据流在所有组件流动，并在相应动作时触发事件。可以理解为爬虫的大脑。
- 调度器：从引擎接受请求（request）并将它们加入爬虫队列。可以理解把等待爬取的网页排队的功能。
- 下载器：负责获取页面并提供给引擎。相当于之前学的"获取网页"功能。
- 爬虫器：负责解析网页（response），提取数据，或额外跟进一些 URL。相当于之前学的"解析网页"功能。
- 管道：负责处理被爬虫器提取的数据（items），例如保存下来。相当于之前学的"存储数据"功能。
- 下载器中间件：引擎和下载器中间的一个部分，处理下载器传递给引擎的数据（response），一般不做处理。
- 爬虫器中间件：引擎和爬虫器中间的一个部分，处理爬虫器的输入（response）和输出（items, requests）。

作为一个框架，上面列出来的各种组件还是很复杂，一不小心就处于懵逼状态。下面的表格就用大家较为熟悉的爬虫三大流程去理解，应该会更加清楚。

表 7-1 Scrapy 各个组件

组件	对应爬虫三大流程	Scrapy 项目是否需要修改
引擎		无需修改，框架已写好
调度器		无需修改，框架已写好
下载器	获取网页（requests 库）	无需修改，框架已写好
爬虫器	解析网页（BeautifulSoup 库）	需要
管道	存储数据（存入 csv/txt/mysql 等）	需要
下载器中间件	获取网页 - 个性化部分	一般不用
爬虫器中间件	解析网页 - 个性化部分	一般不用

从上表可以看出，在 Scrapy 框架下需要写的代码变得简单了很多，一般而言，我们只需要负责好爬虫器和管道就可以了。

7.1.2 Scrapy 数据流（Data Flow）

图 7-1 的绿色箭头表示了 Scrapy 的数据流，数据流由引擎控制。那么数据在 Scrapy 下是怎么流动的呢？下面以从 www.santostang.com 获取博客标题为例：

（1）引擎：向爬虫器请求第一个要抓取的 url。
（2）爬虫器：提供 www.santostang.com 给引擎。
（3）引擎：接收到网址，交给调度器排序入队。
（4）调度器：将它处理成请求（request）给引擎。

（5）引擎：接收到 request，并通过下载器中间件给下载器下载。

（6）下载器：根据 request 下载页面，返回回应（response）给引擎。

（7）引擎：接收到 response，并通过爬虫器中间件给爬虫器处理。

（8）爬虫器：处理 response，提取博客标题数据，返回结果 item 给引擎，如果有跟进的请求 request 也会给引擎。

（9）引擎：接收到 item，交给管道；新的 request 给调度器。

（10）管道：存储数据。

如果有新的 request 给调度器，那么从第 2 步开始重复直到调度器没有 request，引擎就会关闭本次爬虫。

7.1.3 选择 Scrapy 还是 Requests+bs4

如果你刚开始学习爬虫，在纠结先学习 Scrapy 的框架还是用 Requests+bs4 自己写爬虫的话，我的建议是一开始不要用框架，先老老实实地用 Requests+bs4。如果一开始用框架的话会有以下几个问题：

第一，Scrapy 的多个模块会让初学者发懵，导致上手学习爬虫比较慢。即使你是熟悉爬虫的老手，也要花一段时间才能理解 Scrapy 如何使用。相比之下，Requests + bs4 比较容易上手，例如第 2 章的你的第一个爬虫。这也是笔者为何在讲完爬虫三大流程之后才讲 Scrapy。

第二，初学者老老实实地用 Requests 爬取网页，用 Selenium 获取动态网页，用 bs4 解析网页，用 csv 存储网页；从零开始做一个爬虫项目，自己设计抓取策略会让你对爬虫有非常深入地认识。

不使用框架写爬虫就像是在从基础开始建一座房子，你需要自己设计框架并且自己装修，但这也是你成长最快的方式之一。相比之下，使用 Scrapy 框架就像是在一个已经有框架的房子内建立了很多个功能房，你需要什么就直接去相应的房间装修即可。

爬虫者往往会经历一个不用框架，到使用框架，再到不用框架的过程。初学者最开始只需要一个简单的小房子，所以使用 Requests 和 bs4 很方便。在学会使用 Requests 和 bs4 后，再使用 Scrapy 框架，你会发现一个新大陆，原来几行代码就可以完成爬虫，发现 Scrapy 很好用。但是渐渐地，你需要一些定制化地功能，Scrapy 的条条框框并不能满足你的需求，所以你可能还是会回到最开始的方法，但是此时你已经可以自己建一座华丽的大房子了。

Scrapy 优势在于并发性好，在做大批量数据爬虫时简单易用。此外，做长期的爬虫项目维护管理也比较容易，相比之下，不用框架的爬虫定制化比较高，经过训练的高手能够使用十八般武艺杀敌人于无形。但是数据采集中棘手的问题还是解决反爬虫，而 Scrapy 框架得太死了，不够灵活，在逐步进化的反爬虫面前跟不上脚步。虽然 Scrapy 也可以使用中间件，但是比起不用框架的各种扩展功能，Scrapy 还是功能不够强大。

7.2 安装 Scrapy

Scrapy 现在也支持 Python3 了，在 Windows 下的安装很简单，可以直接在 cmd 使用 pip 安装：

```
pip install Scrapy
```

但是根据 Scrapy 的文档，在 Windows 下使用 pip 安装会容易出现错误，所以推荐你使用 Anaconda 安装。当你装好 Anaconda 之后，就可以在 cmd 输入：

```
conda install -c conda-forge scrapy
```

至于 Mac 和 Linux 系统可以参照 Scrapy 文档进行安装。

7.3 通过 Scrapy 抓取博客

接下来，使用 Scrapy 抓取博客 www.santostang.com 作为入门案例来讲述 Scrapy。本教程将完成以下几个任务：

- 创建一个 Scrapy 项目
- 获取博客网页并保存
- 解析网页，提取博客标题和链接数据
- 存储博客标题和链接数据
- 获取文章内容

7.3.1 创建一个 Scrapy 项目

在开始爬取之前，必须创建一个新的 Scrapy 项目。首先，在 cmd 中进入一个自定义目录，例如桌面。运行下面命令，记得将用户名改成你的名字。

```
cd C:\Users\santostang\desktop
```

然后运行命令:

```
scrapy startproject blogSpider
```

那么，blogSpider 就是项目名称，可以看到桌面创建了一个 blogSpider 的文件夹，目录的结构为：

```
blogSpider/
    scrapy.cfg
    blogSpider/
        __init__.py
        items.py            # 定义需要保存的字段
        pipelines.py        # 对应管道组件，用来存储数据
        settings.py         # 项目的设置文件
        spiders/            # 对应爬虫器，用来解析网页，提取数据
            __init__.py
            ...
```

在开始爬虫之前，我们需要定义爬虫的目标字段。例如，我们需要获取 www.santostang.com 中所有文章的标题、链接以及文章内容。那么，打开 items.py，在 BlogspiderItem 类下输入需要的字段：

```
import scrapy
class BlogspiderItem(scrapy.Item):
    title = scrapy.Field()
    link = scrapy.Field()
    content = scrapy.Field()
```

这里的 scrapy.item 类，类型为 scrapy.Field 的类属性来定义一个 Item。Item 有点像 Python 里的 dict 字典，但是 Item 提供了额外保护机制来避免拼写错误导致的未定义字段错误。如果这里比较复杂，没有关系，你只需将所有要获取的字段按照上面的方式定义就可以了。

7.3.2 获取博客网页并保存

接下来，在 cmd 的当前目录输入以下命令：

```
scrapy genspider santostang www.santostang.com
```

在 blogSpider/spider 创建了一个 santostang.py 的文件，定义了名为 santostang 的爬虫，并制定了爬取的范围为 www.santostang.com。

打开 santostang.py 文件，可以看到默认的代码如下：

```
import scrapy

class SantostangSpider(scrapy.Spider):
    name = "santostang"
    allowed_domains = ['www.santostang.com']
    start_urls = ['http://www.santostang.com/']

    def parse(self, response):
        pass
```

除了在 cmd 中创建之外，我们还可以自己创建 santostang.py 文件，并加入以上代码，不过使用命令会比较简单。

那么这就是爬虫器 Spider，用来编写从网站提取数据。创建爬虫器必须继承 scrapy.Spider 类，并如下定义：

- name: 爬虫器唯一的名字，不同的爬虫器不能使用相同的名字。
- allow_domains=[]: 是搜索的域名范围，规定爬虫只会爬取这个域名下的网页。
- start_urls: 爬虫器在启动时会爬取的 url 列表。
- parse(): 爬虫器的一个方法，获取到爬虫的下载的 response，之后解析网页。

接下来，我们修改 parse()获取博客网页并保存在本地。

```
    def parse(self, response):
        print (response.text)
        filename = "index.html"
        with open(filename, 'w', encoding="utf-8") as f:
            f.write(response.text)
```

然后在 cmd 里的 blogSpider 目录下执行：

```
scrapy crawl santostang
```

上述代码中的 santostang 就是本项目之前定义的名字。运行完成后，如果打印的日志里出现[scrapy.core.engine] INFO: Closing spider (finished)，那么代表了执行完成。进入文件夹，可以看到当前文件夹出现了 index.html 文件，那么这就是刚刚爬取页面的源代码。

7.3.3 提取博客标题和链接数据

在获取网页后，我们就需要从中提取数据了。虽然 Scrapy 已经自带了 Xpath 和 CSS 选择器，但是为了方便，我们还是使用习惯的 BeautifulSoup 来获取数据。

修改 santostang.py 文件代码为：

```python
import scrapy
from bs4 import BeautifulSoup

class SantostangSpider(scrapy.Spider):
    name = 'santostang'
    allowed_domains = ['www.santostang.com']
    start_urls = ['http://www.santostang.com/']

    def parse(self, response):
        soup = BeautifulSoup(response.text, "lxml")
        first_title = soup.find("h1", class_ = "post-title").a.text.strip()
        print ("第一篇文章的标题是: ", first_title)

        for i in range(len(title_list)):
            title = title_list[i].a.text.strip()
            print('第 %s 篇文章的标题是：%s' %(i+1, title))
```

运行上述代码，可以看到输出的结果如图 7-2 所示。

```
第一篇文章的标题是: 4.3 通过selenium 模拟浏览器抓取
第 1 篇文章的标题是: 4.3 通过selenium 模拟浏览器抓取
第 2 篇文章的标题是: 4.2 解析真实地址抓取
第 3 篇文章的标题是: 第四章- 动态网页抓取 (解析真实地址 + selenium)
第 4 篇文章的标题是: 《网络爬虫: 从入门到实践》一书勘误
第 5 篇文章的标题是: Hello world!
```

图 7-2 提取博客标题结果

这里就把标题数据提取出来了。如果文章有更新，可能标题会有不同的结果。

如果我们希望能用上 Scrapy 对于 item 的处理方式，我们可以用之前定义的 BlogspiderItem 类，这里可以将这些提取到的数据封装到这个对象中。代码如下：

```python
import scrapy
from bs4 import BeautifulSoup
from blogSpider.items import BlogspiderItem
```

```python
class SantostangSpider(scrapy.Spider):
    name = 'santostang'
    allowed_domains = ['www.santostang.com']
    start_urls = ['http://www.santostang.com/']

    def parse(self, response):
        #存放文章信息的列表
        items = []
        soup = BeautifulSoup(response.text, "lxml")
        title_list = soup.find_all("h1", class_="post-title")
        for i in range(len(title_list)):
            # 将数据封装到BlogspiderItem对象，字典类型数据
            item = BlogspiderItem()
            title = title_list[i].a.text.strip()
            link = title_list[i].a["href"]

            # 变成字典
            item["title"] = title
            item["link"] = link
            items.append(item)

        # 返回数据
        return items
```

在上述代码中，我们首先使用 from blogSpider.items import BlogspiderItem 引入这个 BlogspiderItem 类。接下来，定义 item = BlogspiderItem()将数据封装到 BlogspiderItem 对象，这是字典类型数据。然后写入这个字典数据中，最后使用 items.append(item)加入到存放文章信息的列表，并返回这个列表。

这里还在提取数据阶段，所以不会用到管道。但是，如果要简单地保存数据，我们可以在 cmd 中写代码输出指定格式的文件。

如果输出的是 json 格式，可以写成：

```
scrapy crawl santostang -o article.json
```

在 cmd 运行代码得到的结果是一个 json 文件，如图 7-3 所示。

图 7-3 存储为 json 文件

如果输出的是 csv 格式，可以写成：

```
scrapy crawl santostang -o article.csv
```

在 cmd 运行代码得到的结果是一个 csv 文件，如图 7-4 所示。

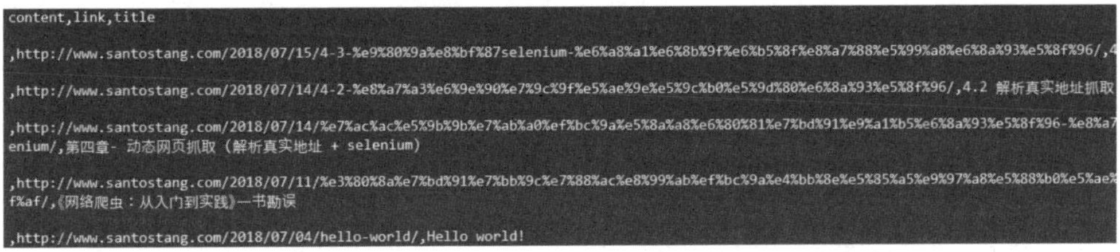

图 7-4 存储为 csv 文件

7.3.4 存储博客标题和链接数据

刚刚我们主要是获取数据，并且在命令行中存储了数据。不过，一般存储数据都会用到管道 pipelines 功能。打开 pipelines.py，修改代码如下：

```
class BlogspiderPipeline(object):
    #填入你要保存的地址
    file_path = "C:/Users/santostang/Desktop/blogSpider/result.txt"

    def __init__(self):
        self.article = open(self.file_path, "a+", encoding="utf-8")

    #定义管道的处理方法
    def process_item(self, item, spider):
        title = item["title"]
        link = item["link"]
        output = title + '\t' + link + '\n'
        self.article.write(output)
        return item
```

在上述代码中，首先定义你的 file_path，然后在类中定义 process_item(self, item, spider)方法，这里会传入获取的 item 对象和爬取该 item 的 spider。所以在里面获取到数据 title 和 link，之后再写入 txt 文件中。

此外，你还需要修改设置，也就是 settings.py 文件。去掉下面这一段的注释，在笔者的版本中是第 67 到 69 行代码。

```
ITEM_PIPELINES = {
    'blogSpider.pipelines.BlogspiderPipeline': 300,
}
```

之后，在命令行中运行如下代码：

```
scrapy crawl santostang
```

运行完成后，可以看到 blogSpider 文件夹中出现了 result.txt 文件，内容如图 7-5 所示。

```
result.txt - 记事本
文件(F) 编辑(E) 格式(O) 查看(V) 帮助(H)
4.3 通过selenium 模拟浏览器抓取   http://www.santostang.com/2018/07/15/4-3-%e9
4.2 解析真实地址抓取     http://www.santostang.com/2018/07/14/4-2-%e8%a7%a3%e
第四章- 动态网页抓取（解析真实地址 + selenium）    http://www.santostang.com/20
《网络爬虫：从入门到实践》一书勘误       http://www.santostang.com/2018/07/11
Hello world!    http://www.santostang.com/2018/07/04/hello-world/
```

图 7-5 存储标题和链接

7.3.5 获取文章内容

在获取到文章标题和链接之后，我们还需要进入该链接的页面来获取文章的内容。如果不使用 Scrapy 框架，而使用 requests 的话，我们需要将标题和链接都存储下来，再读取链接去抓取文章内容；或者自己写代码在每次获取链接之后，就去抓取文章内容。

这两种方法都存在弊端：第一种方法要保存下来分开获取，非常麻烦；第二种方法会使用串行，也就是说先获取第一篇文章的标题和链接，再获取第一篇文章的内容，才会去获取第二篇文章的标题和链接，速度很慢。那么，能不能获取第一篇文章内容的时候，就去获取第二篇文章的标题呢？

Scrapy 内置的并行能力就能解决这个问题。

打开 santostang.py 文件，修改代码为：

```
import scrapy
from bs4 import BeautifulSoup
from blogSpider.items import BlogspiderItem

class SantostangSpider(scrapy.Spider):
    name = 'santostang'
    allowed_domains = ['www.santostang.com']
    start_urls = ['http://www.santostang.com/']

    def parse(self, response):
        soup = BeautifulSoup(response.text, "lxml")
```

```python
            title_list = soup.find_all("h1", class_="post-title")
            for i in range(len(title_list)):
                # 将数据封装到BlogspiderItem对象，字典类型数据
                item = BlogspiderItem()
                title = title_list[i].a.text.strip()
                link = title_list[i].a["href"]
                # 变成字典
                item["title"] = title
                item["link"] = link
                # 根据文章链接，发送Request请求，并传递item参数
                yield scrapy.Request(url =link, meta = {'item':item},
callback = self.parse2)

    def parse2(self, response):
        #接收传递的item
        item = response.meta['item']
        #解析提取文章内容
        soup = BeautifulSoup(response.text, "lxml")
        content = soup.find("div", class_="view-
content").text.strip()
        content = content.replace("\n", " ")
        item["content"] = content
        #返回item，交给item pipeline
        yield item
```

上述代码和之前不同的之处有两点：一是加入了 yield，二是加入了函数 parse2。然而，Scrapy 的并行获取能力就是通过 yield 实现的。通过 yield 来发起一个请求，定义 url 是文章链接，使用 meta 传递 item 参数，并通过 callback 参数为这个请求添加回调函数，这里是 self.parse2。

parse2 用来处理抓取文章链接的 response。首先，使用 item = response.meta['item']接受到传递的 item，然后解析提取文章的内容，使用 yield item 返回 item，交给 item pipeline 做进一步处理。

因此，pipeline.py 也要保存文章的内容。打开 pipeline.py 文件，修改代码为：

```python
    class BlogspiderPipeline(object):
        #填入你的地址
        file_path = 
"C:/Users/santostang/Desktop/blogSpider/result.txt"

        def __init__(self):
            self.article = open(self.file_path, "a+", encoding="utf-8")
```

```python
#定义管道的处理方法
def process_item(self, item, spider):
    title = item["title"]
    link = item["link"]
    content = item["content"]
    output = title + '\t' + link + '\t' + content + '\n\n'
    self.article.write(output)
    return item
```

上述代码中,我们新增了 content = item["content"]来保存文章内容,并写入最后的 output 字符串中。

之后,删除 result.txt 文件。在命令行中运行如下代码:

```
scrapy crawl santostang
```

运行完成后,可以看到 blogSpider 文件夹中出现了 result.txt 文件,内容如图 7-6 所示。

图 7-6 存储标题、链接和内容

7.3.6 Scrapy 的设置文件

我们需要注意 Scrapy 爬虫的设置文件 settings.py,其中的设置可以根据项目进行一些修改。

下列代码表示爬虫遵守 robots 协议(第 1 章已提到),此处希望大家爬虫的时候尽量遵守爬虫 robots 协议。

```
ROBOTSTXT_OBEY = True
```

除此之外,下列代码最好是取消注释。将这几项取消注释后,可以读取缓存，那么就不用每次都访问网站了。

```
#HTTPCACHE_ENABLED = True
#HTTPCACHE_EXPIRATION_SECS = 0
#HTTPCACHE_DIR = 'httpcache'
#HTTPCACHE_IGNORE_HTTP_CODES = []
#HTTPCACHE_STORAGE =
'scrapy.extensions.httpcache.FilesystemCacheStorage'
```

7.4 Scrapy 爬虫实践：财经新闻数据

本章实践项目的目的是获取东方财富网的财经要闻精华，网页地址为：http://finance.eastmoney.com/news/cywjh.html。在此爬虫中将获取新闻的标题、链接和内容。

7.4.1 网站分析

打开东方财富网的财经要闻精华的网站，右击页面任意位置，在弹出的快捷菜单中单击"检查"命令，如图7-7所示。

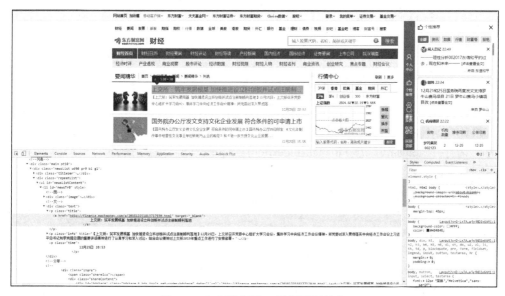

图 7-7　东方财富网 - 财经要闻精华

在打开的代码中，我们可以找到各个数据所在的 HTML 代码的位置，包括文章标题、文章链接和文章内容。我们可以点击一篇文章，进入文章内容页面，找到文章内容的定位。通过找到各个数据定位的 class 可以得到如表 7-2 所示的表格。

表 7-2　各个数据定位的位置

数据	位置
文章标题（新闻列表页）	'p', class_='title' > text
文章链接（新闻列表页）	'p', class_='title' > a['href']
文章内容（文章页面）	'div', id_= 'ContentBody' > text

另外，在新闻列表页中打开第 2 页的时候，网页 URL 地址变成了 http://finance.eastmoney.com/news/cywjh_2.html。当打开第 3 页的时候，网页 URL 地址变成了 http://finance.eastmoney.com/news/cywjh_3.html。

这样就很容易理解了，当翻页的时候，只是将网页 URL 地址的最后一个数据 cywjh_2.html 换成了相应的页数。

7.4.2　项目实践

在开始爬取之前，必须创建一个新的 Scrapy 项目。在 cmd 中进入一个自定义目录，例如桌面。运行下面命令，记得将用户名改成你的名字。

```
cd C:\Users\santostang\desktop
```

然后运行命令：

```
scrapy startproject financeSpider
```

在开始爬虫之前，需要定义爬虫的目标字段。我们想获取 http://finance.eastmoney.com/news/cywjh_1.html 中新闻的标题、链接以及新闻内容，请打开 items.py，在 FinancespiderItem 类下输入需要的字段。

```
import scrapy
class FinancespiderItem(scrapy.Item):
    title = scrapy.Field()
    link = scrapy.Field()
    content = scrapy.Field()
```

接下来，在 cmd 的当前目录输入以下命令：

```
scrapy genspider finance finance.eastmoney.com
```

在 financeSpider/spider 创建了一个 finance.py 的文件，定义了名为 finance 的爬虫，并制定了爬取的范围为 finance.eastmoney.com。

我们可以修改爬虫器 finance.py 进行解析网页了。代码如下：

```python
import scrapy
from bs4 import BeautifulSoup
from financeSpider.items import FinancespiderItem

class FinanceSpider(scrapy.Spider):
    name = 'finance'
    allowed_domains = ['finance.eastmoney.com']
    start_urls =['http://finance.eastmoney.com/news/cywjh_1.html']
    url_head = 'http://finance.eastmoney.com/news/cywjh_'
    url_end = '.html'

    # Scrapy自带功能，从start_requests开始发送请求
    def start_requests(self):
        #获取前三页的url地址
        for i in range(1,4):
            url = self.url_head + str(i) + self.url_end
            print ("当前的页面是：", url)
            # 对新闻列表页发送Request请求
            yield scrapy.Request(url=url, callback = self.parse)

    def parse(self, response):
        soup = BeautifulSoup(response.text, "lxml")
        title_list = soup.find_all("p", class_="title")
        for i in range(len(title_list)):
            # 将数据封装到FinancespiderItem对象，字典类型数据
            item = FinancespiderItem()
            title = title_list[i].a.text.strip()
            link = title_list[i].a["href"]
            # 变成字典
            item["title"] = title
            item["link"] = link
            # 根据文章链接，发送Request请求，并传递item参数
            yield scrapy.Request(url=link, meta = {'item':item}, callback = self.parse2)

    def parse2(self, response):
        #接收传递的item
        item = response.meta['item']
        #解析提取文章内容
```

```
        soup = BeautifulSoup(response.text, "lxml")
        content = soup.find("div", id="ContentBody").text.strip()
        content = content.replace("\n", " ")
        item["content"] = content
        #返回item，交给item pipeline
        yield item
```

在上述代码中，与之前爬取博客不一样的地方是，我们使用了从 start_requests 开始发送请求，start_requests 这个方法是 Scrapy 自带功能，目的是能够使用一个循环来获取新闻列表的前三页。接下来用 yield 请求列表页，调用 parse 来进行解析。

在 parse 和 parse2 中，里面的代码和之前爬取博客的代码十分类似，唯一的不同是各个数据定位的位置，这里仅进行了小小的修改。

此外，我们还需要修改最后数据的存储文件 pipelines.py，代码如下：

```
class FinancespiderPipeline(object):
    #填入你的地址
    file_path = "C:/Users/santostang/Desktop/financeSpider/result.txt"

    def __init__(self):
        self.article = open(self.file_path, "a+", encoding="utf-8")

    #定义管道的处理方法
    def process_item(self, item, spider):
        title = item["title"]
        link = item["link"]
        content = item["content"]
        output = title + '\t' + link + '\t' + content + '\n\n'
        self.article.write(output)
        return item
```

上述代码和之前爬取博客的代码基本上一模一样，只是数据存储的地址发生变化而已。

这时，务必记得要将 settings.py 的 ITEM_PIPELINES 取消注释：

```
ITEM_PIPELINES = {
    'financeSpider.pipelines.FinancespiderPipeline': 300,
}
```

在完成上述操作之后，在命令行中运行如下代码：

```
scrapy crawl finance
```

运行完成后，可以看到 financeSpider 文件夹中出现了 result.txt 文件，内容如图 7-8 所示。

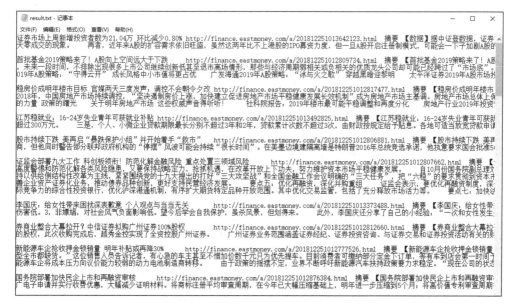

图 7-8　新闻标题、链接和内容

此外，你会发现运行的速度非常快，一眨眼的功夫就跑完了。这与使用 Requests 和 bs4 的串行相比，简直就是单车和高铁的差距，而且代码也比较简单，这也是需要介绍 Scrapy 的原因。不过，爬虫的瓶颈一般不在乎速度，而是反爬虫，所以使用 Scrapy 也有它的限制。

7.4.3　自我实践题

读者若有时间，可以实践进阶问题：获取这些新闻的发布时间、评论数、评论人数等其他详细信息；也可以尝试将数据存储到 MySQL 数据库中。

第 8 章
◀ 提升爬虫的速度 ▶

通过前面 7 章的学习，相信读者已经能够从获取网页、解析网页、存储数据来实现一些基本的爬虫了。从本章开始，我们将进入爬虫的进阶部分，包括第 8 章到第 13 章。进阶部分的各章并没有先后顺序，对某一章感兴趣的读者可以直接跳到这章学习。

本章将介绍如何提升爬虫的速度，主要有 3 种方法：多线程爬虫、多进程爬虫和多协程爬虫。相对于普通的单线程爬虫，使用这 3 种方法爬虫的速度能实现成倍的提升。

8.1 并发和并行，同步和异步

在介绍多线程爬虫之前，首先需要熟悉并发和并行、同步和异步的概念。如果阅读完本节后仍对并发和并行、同步和异步不太理解，没有关系，你可以先学习后面的代码，毕竟阅读本书的目的是实践 Python 网络爬虫。

8.1.1 并发和并行

并发（concurrency）和并行（parallelism）是两个相似的概念。引用一个比较容易理解的说法，并发是指在一个时间段内发生若干事件的情况，并行是指在同一时刻发生若干事件的情况。

这个概念用单核 CPU 和多核 CPU 比较容易说明。在使用单核 CPU 时，多个工作任务是以并发的方式运行的，因为只有一个 CPU，所以各个任务会分别占用 CPU 的一段时间依次执行。如果在自己分得的时间段没有完成任务，就会切换到另一个任务，然后在下一次得到 CPU 使用权的时候再继续执行，直到完成。在这种情况下，因为各个任务的时间段很短、经常切换，所以给我们的感觉是"同时"进行。在使用多核 CPU 时，在各个核的任务能够同时运行，这是真正的同时运行，也就是并行。

类似于要完成吃完一碗米饭和一碗青椒炒肉的任务，"并发"就是一个人吃，这个人吃一口菜然后吃一口饭，由于切换速度比较快，让你觉得他在"同时"吃菜和饭；"并行"就是两个人同时吃，一个人吃饭，另一个人吃菜。

8.1.2 同步和异步

同步和异步也是两个值得比较的概念。下面在并发和并行框架的基础上理解同步和异步，同步就是并发或并行的各个任务不是独自运行的，任务之间有一定的交替顺序，可能在运行完一个任务得到结果后，另一个任务才会开始运行。就像接力赛跑一样，要拿到交接棒之后下一个选手才可以开始跑。

异步则是并发或并行的各个任务可以独立运行，一个任务的运行不受另一个任务影响，任务之间就像比赛的各个选手在不同的赛道比赛一样，跑步的速度不受其他赛道选手的影响。

在网络爬虫中，假设你需要打开 4 个不同的网站，IO（Input/Ouput 输入/输出）过程就相当于打开网站的过程，CPU 就是单击的动作。你单击的动作很快，但是网站打开得很慢。同步 IO 是指你每单击一个网址，要等待该网站彻底显示才可以单击下一个网址，也就是我们之前学过的爬虫方式。异步 IO 是指你单击完一个网址，不用等对方服务器返回结果，立即可以用新打开的浏览器窗口打开另一个网址，以此类推，最后同时等待 4 个网站彻底打开。

很明显，异步的速度要快得多。

下面介绍的多线程、多进程、多协程网络爬虫在进行网页 IO 的时候都是使用异步方式"同时"获取多个网页，从而加快网页的爬取速度。对于这 3 种并发、并行网络爬虫，我们都会计算时间，大家可以通过时间的对比了解提升的效率。我们还可以在同样的网络环境下完成这 3 种方式的爬虫，使得这 3 种方式的时间对比更加公平准确。

8.2 多线程爬虫

多线程爬虫是以并发的方式执行的。也就是说，多个线程并不能真正的同时执行，而是通过进程的快速切换加快网络爬虫速度的。

Python 本身的设计对多线程的执行有所限制。在 Python 设计之初，为了数据安全所做的决定设置有 GIL（Global Interpreter Lock，全局解释器锁）。在 Python 中，一个线程的执行过程包括获取 GIL、执行代码直到挂起和释放 GIL。

例如，某个线程想要执行，必须先拿到 GIL，我们可以把 GIL 看作"通行证"，并且在一个 Python 进程中，只有一个 GIL。拿不到通行证的线程就不允许进入 CPU 执行。

每次释放 GIL 锁，线程之间都会进行锁竞争，而切换线程会消耗资源。由于 GIL 锁的存在，Python 中一个进程永远只能同时执行一个线程（拿到 GIL 的线程才能执行），这就是在多核 CPU 上 Python 的多线程效率不高的原因。

由于 GIL 的存在，多线程是不是就没用了呢？

以网络爬虫来说，网络爬虫是 IO 密集型，多线程能够有效地提升效率，因为单线程下有 IO 操作会进行 IO 等待，所以会造成不必要的时间浪费，而开启多线程能在线程 A 等待时自动切换到线程 B，可以不浪费 CPU 的资源，从而提升程序执行的效率。

Python 的多线程对于 IO 密集型代码比较友好，网络爬虫能够在获取网页的过程中使用多线程，从而加快速度。

下面将以获取访问量最大的 1000 个中文网站的速度为例，通过和单线程的爬虫比较，证实多线程方法在网络爬虫速度上的提升。这 1000 个访问量最大的中文网站是在 Alexca.cn 上获取的，如果需要这 1000 个网站地址的数据，可以去笔者的博客下载，地址为 http://www.santostang.com，点击爬虫书代码。

假设我们已经将 1000 个网站的地址下载到本地，命名为 alexa.txt，并放在 Jupyter Notebook 所在的文件夹中。

8.2.1 简单的单线程爬虫

首先，以单线程（单进程）的方式抓取这 1000 个网页，代码如下：

```
import requests
import time

link_list = []
with open('alexa.txt', 'r') as file:
    file_list = file.readlines()
    for eachone in file_list:
        link = eachone.split('\t')[1]
        link = link.replace('\n','')
        link_list.append(link)

start = time.time()
for eachone in link_list:
    try:
        r = requests.get(eachone)
        print (r.status_code, eachone)
    except Exception as e:
        print('Error: ', e)
end = time.time()
print ('串行的总时间为: ', end-start)
```

运行上述代码，得到的结果是：
...
串行的总时间为： 2030.428

8.2.2 学习 Python 多线程

如果使用多线程爬虫，那么需要先了解 Python 中使用多线程的两种方法。

（1）函数式：调用_thread 模块中的 start_new_thread()函数产生新线程。

（2）类包装式：调用 Threading 库创建线程，从 threading.Thread 继承。

首先介绍函数式，在 Python 3 中不能继续使用 thread 模块。为了兼容性考虑，Python 3 将 thread 重命名为 _thread。

下面我们使用实例感受一下。

```python
import _thread
import time

# 为线程定义一个函数
def print_time(threadName, delay):
    count = 0
    while count < 3:
        time.sleep(delay)
        count += 1
        print (threadName, time.ctime())

_thread.start_new_thread(print_time, ("Thread-1", 1))
_thread.start_new_thread(print_time, ("Thread-2", 2))
print ("Main Finished")
```

运行上述代码，得到的结果是：

Main Finished

Thread-1 Thu Nov 29 19:33:59 2018

Thread-2 Thu Nov 29 19:34:00 2018

Thread-1 Thu Nov 29 19:34:00 2018

Thread-1 Thu Nov 29 19:34:01 2018

Thread-2 Thu Nov 29 19:34:02 2018

Thread-2 Thu Nov 29 19:34:04 2018

可以看到，主线程先完成操作。虽然主线程已经完成，但是两个新的线程还是会继续运行，分别睡眠 1 秒和 2 秒后，输出一段话。

_thread 中使用 start_new_thread ()函数来产生新线程，语法如下：

```
_thread.start_new_thread ( function, args[, kwargs] )
```

其中，function 表示线程函数，在上例中为 print_time；args 为传递给线程函数的参数，它必须是 tuple 类型，在上例中为("Thread-1", 1)；最后的 kwargs 是可选参数。

_thread 提供了低级别、原始的线程，它相比于 threading 模块，功能还是比较有限的。threading 模块提供了 Thread 类来处理线程，包括以下方法。

- run()：用以表示线程活动的方法。
- start()：启动线程活动。
- join([time])：等待至线程中止。阻塞调用线程直至线程的 join()方法被调用为止。
- isAlive()：返回线程是否是活动的。
- getName()：返回线程名。
- setName()：设置线程名。

下面介绍使用 threading 的一个简单的例子，看看多线程是如何运行的。

```python
import threading
import time

class myThread (threading.Thread):
    def __init__(self, name, delay):
        threading.Thread.__init__(self)
        self.name = name
        self.delay = delay
    def run(self):
        print ("Starting " + self.name)
        print_time(self.name, self.delay)
        print ("Exiting " + self.name)

def print_time(threadName, delay):
    counter = 0
    while counter < 3:
        time.sleep(delay)
        print (threadName, time.ctime())
        counter += 1

threads = []

# 创建新线程
thread1 = myThread("Thread-1", 1)
thread2 = myThread("Thread-2", 2)

# 开启新线程
thread1.start()
thread2.start()
```

```
# 添加线程到线程列表
threads.append(thread1)
threads.append(thread2)

# 等待所有线程完成
for t in threads:
    t.join()

print ("Exiting Main Thread")
```

运行上述代码,得到的结果是:

Starting Thread-1
Starting Thread-2
Thread-1 Tue May 23 22:31:05 2017
Thread-1 Tue May 23 22:31:06 2017
Thread-2 Tue May 23 22:31:06 2017
Thread-1 Tue May 23 22:31:07 2017
Exiting Thread-1
Thread-2 Tue May 23 22:31:08 2017
Thread-2 Tue May 23 22:31:10 2017
Exiting Thread-2Exiting Main Thread

在上述代码中,我们将任务手动地分到两个线程中,即 thread1 = myThread("Thread-1", 1)。接下来在 myThread 这个类中对线程进行设置,使用 run()表示线程运行的方法,当 counter 小于 3 时,打印该线程的名称和时间。

然后使用 thread.start()开启线程,使用 threads.append()将线程加入线程列表,使用 t.join()等待所有子线程完成才会继续执行主线程。虽然在这个简单的例子中得到的结果和之前使用_thread 几乎一样,但是使用 threading 能够有效地控制线程,将在网络爬虫中发挥更好的效果。

8.2.3 简单的多线程爬虫

刚刚我们使用 threading 完成了多线程的简单代码,现在就将 Python 多线程的代码应用在获取 1000 个网页上,并开启 5 个线程,代码如下:

```
import threading
import requests
import time
```

```python
link_list = []
with open('alexa.txt', 'r') as file:
    file_list = file.readlines()
    for eachone in file_list:
        link = eachone.split('\t')[1]
        link = link.replace('\n','')
        link_list.append(link)

start = time.time()
class myThread (threading.Thread):
    def __init__(self, name, link_range):
        threading.Thread.__init__(self)
        self.name = name
        self.link_range = link_range
    def run(self):
        print ("Starting " + self.name)
        crawler(self.name, self.link_range)
        print ("Exiting " + self.name)

def crawler(threadName, link_range):
    for i in range(link_range[0],link_range[1]+1):
        try:
            r = requests.get(link_list[i], timeout=20)
            print (threadName, r.status_code, link_list[i])
        except Exception as e:
            print(threadName, 'Error: ', e)

thread_list = []
link_range_list = [(0,200),(201,400),(401,600),(601,800),(801,1000)]

# 创建新线程
for i in range(1,6):
    thread = myThread("Thread-" + str(i), link_range_list[i-1])
    thread.start()
    thread_list.append(thread)

# 等待所有线程完成
for thread in thread_list:
    thread.join()

end = time.time()
print ('简单多线程爬虫的总时间为: ', end-start)
print ("Exiting Main Thread")
```

在上述代码中,我们将 1000 个网页分成了 5 份,每一份是 200 个网页,即:

```
link_range_list = [(0,200),(201,400),(401,600),(601,800),(801,1000)]
```

然后利用一个 for 循环创建 5 个线程,将这些网页分别指派到 5 个线程中运行,即:

```
thread = myThread("Thread-" + str(i), link_range_list[i-1])
```

在每一个线程中,我们将之前单线程爬虫中获取网页部分的代码放入 crawler 函数中,抓取这些网页。为了让这些子线程执行完后再执行主进程,这里使用了 thread.join()方法等待各个线程执行完毕。最后,还会记录下所有线程执行完成的时间 end - start,从而得到多线程爬虫完成获取 1000 个网页任务所需的时间。

运行上述代码,得到的结果为:

Starting Thread-1
Starting Thread-2
Starting Thread-3
Starting Thread-4
Thread-1 200 http://www.baidu.com
Thread-2 200 http://www.dell.com
Thread-1 200 http://www.qq.com
Thread-4 200 http://www.wowenda.com
Thread-1 200 http://www.naver.com
Thread-2 200 http://www.dict.cn
Thread-1 200 http://www.taobao.com
Thread-3 200 http://www.unrealengine.com
……

运行结束后,得到运行的时间为:428.818 秒。

上述代码存在一些可以改进之处:因为我们把整个链接列表分成了 5 等份,所以当某个线程先完成 200 条网页的爬虫后会退出线程,这样就只剩下有 4 个线程在运行。相对于 5 个线程,速度会有所下降,到最后剩下一个线程在运行时,就会变成单线程。

8.2.4 使用 Queue 的多线程爬虫

有没有一种方式能够在完成 1000 个网页的抓取之前都使用 5 个线程的全速爬

虫呢？这时可以使用 Queue。Python 的 Queue 模块中提供了同步的、线程安全的队列类，包括 FIFO（先入先出）队列 Queue、LIFO（后入先出）队列 LifoQueue 和优先级队列 PriorityQueue。

将这 1000 个网页放入 Queue 的队列中，各个线程都是从这个队列中获取链接，直到完成所有的网页抓取为止，代码如下：

```
import threading
import requests
import time
import queue as Queue

link_list = []
with open('alexa.txt', 'r') as file:
    file_list = file.readlines()
    for eachone in file_list:
        link = eachone.split('\t')[1]
        link = link.replace('\n','')
        link_list.append(link)

start = time.time()
class myThread (threading.Thread):
    def __init__(self, name, q):
        threading.Thread.__init__(self)
        self.name = name
        self.q = q
    def run(self):
        print ("Starting " + self.name)
        while True:
            try:
                crawler(self.name, self.q)
            except:
                break
        print ("Exiting " + self.name)

def crawler(threadName, q):
    url = q.get(timeout=2)
    try:
        r = requests.get(url, timeout=20)
        print (q.qsize(), threadName, r.status_code, url)
    except Exception as e:
        print (q.qsize(), threadName, url, 'Error: ', e)

threadList = ["Thread-1", "Thread-2", "Thread-3","Thread-4",
```

```
"Thread-5"]
    workQueue = Queue.Queue(1000)
    threads = []

    # 创建新线程
    for tName in threadList:
        thread = myThread(tName, workQueue)
        thread.start()
        threads.append(thread)

    # 填充队列
    for url in link_list:
        workQueue.put(url)

    # 等待所有线程完成
    for t in threads:
        t.join()

    end = time.time()
    print ('Queue 多线程爬虫的总时间为：', end-start)
    print ("Exiting Main Thread")
```

与之前的简单多线程方法不同的是，在上述代码中，我们使用 workQueue = Queue.Queue(1000)建立了一个队列的对象，然后将这个对象传入了 myThread 中，即：

```
thread = myThread(tName, workQueue)
```

这个 workQueue 里面有什么呢？我们可以使用一个 for 循环来填充队列：

```
for url in link_list:
    workQueue.put(url)
```

利用 workQueue.put(url)将这 1000 个网页加入队列中，然后就可以在线程中使用 url = q.get(timeout=2)获取队列中的链接了。

这就好比银行排队，单线程表示该支行只有一个窗口，要处理 1000 个人需要花费很长时间；简单的多线程是开 5 个窗口，然后将 1000 个人平均分到 5 个窗口中，因为有些窗口可能处理得比较快，所以先处理完了。但是其他窗口的人不能去那个已经处理完的窗口排队，这样就造成了资源的闲置。Queue 方法相对于前两种方法而言，是将 1000 人排一个长队，5 个窗口中哪个窗口有了空位，便叫队列中的第一个过去（FIFO 先入先出方法）。

运行结束后，得到运行的时间为：410.573 秒。

从结果的对比可以发现，使用 Queue 方法比之前的简单多线程爬虫方法所需的时间少了 10 多秒，可见 Queue 方法能够提高抓取的效率。

8.3 多进程爬虫

第 8.2 节介绍了多线程爬虫，Python 的多线程爬虫只能运行在单核上，各个线程以并发的方法异步运行。由于 GIL（Global Interpreter Lock，全局解释器锁）的存在，多线程爬虫并不能充分地发挥多核 CPU 的资源。

作为提升 Python 网络爬虫速度的另一种方法，多进程爬虫则可以利用 CPU 的多核，进程数取决于计算机 CPU 的处理器个数。由于运行在不同的核上，各个进程的运行是并行的。在 Python 中，如果我们要用多进程，就需要用到 multiprocessing 这个库。

使用 multiprocess 库有两种方法：一种是使用 Process + Queue 的方法，另一种是使用 Pool + Queue 的方法。下面会详细介绍。

8.3.1 使用 multiprocessing 的多进程爬虫

multiprocessing 对于习惯使用 threading 多线程的用户非常友好，因为它的理念是像线程一样管理进程，和 threading 很像，而且对于多核 CPU 的利用率比 threading 高得多。

当进程数量大于 CPU 的内核数量时，等待运行的进程会等到其他进程运行完毕让出内核为止。因此，如果 CPU 是单核，就无法进行多进程并行。在使用多进程爬虫之前，我们需要先了解计算机 CPU 的核心数量。这里用到了 multiprocessing：

```
from multiprocessing import cpu_count
print (cpu_count())
```

运行上述代码，得到的结果是 4，也就是本机的 CPU 核心数为 4。

在这里使用 3 个进程，代码如下：

```
from multiprocessing import Process, Queue
import time
import requests

link_list = []
```

```python
with open('alexa.txt', 'r') as file:
    file_list = file.readlines()
    for eachone in file_list:
        link = eachone.split('\t')[1]
        link = link.replace('\n','')
        link_list.append(link)

start = time.time()
class MyProcess(Process):
    def __init__(self, q):
        Process.__init__(self)
        self.q = q

    def run(self):
        print ("Starting " , self.pid)
        while not self.q.empty():
            crawler(self.q)
        print ("Exiting " , self.pid)

def crawler(q):
    url = q.get(timeout=2)
    try:
        r = requests.get(url, timeout=20)
        print (q.qsize(), r.status_code, url)
    except Exception as e:
        print (q.qsize(), url, 'Error: ', e)

if __name__ == '__main__':
    ProcessNames = ["Process-1", "Process-2", "Process-3"]
    workQueue = Queue(1000)

    # 填充队列
    for url in link_list:
        workQueue.put(url)

    for i in range(0, 3):
        p = MyProcess(workQueue)
        p.daemon = True
        p.start()
        p.join()

    end = time.time()
    print ('Process + Queue 多进程爬虫的总时间为: ', end-start)
```

```
print ('Main process Ended!')
```

在上述代码中，使用 multiprocessing 的方式基本和 thread 库类似。首先使用：

```
from multiprocessing import Process, Queue
```

导入 multiprocessing 库。值得注意的是，在 thread 多线程中用来控制队列的 Queue 库，multiprocessing 自带了。和 thread 类似的是，在读取链接列表后创建了 MyProcess 这个类，变量是 workQueue 队列。该类的其他部分基本与 thread 多线程类似。

我们继续使用循环来添加进程，与多线程不同的是，在多进程中设置了 daemon。

```
p.daemon = True
```

在多进程中，daemon 是什么呢？在多进程中，每个进程都可以单独设置它的属性，如果将 daemon 设置为 True，当父进程结束后，子进程就会自动被终止。

8.3.2 使用 Pool + Queue 的多进程爬虫

和 thread 不同的是，除了采用 Queue + Process 类的方法实现多线程爬虫外，还可以使用 Pool 方法。当被操作对象数目不大时，可以直接利用 multiprocessing 中的 Process 动态成生多个进程，十几个还好，但如果是上百个、上千个进程，手动地限制进程数量就太过烦琐，此时可以使用 Pool 发挥进程池的功效。

Pool 可以提供指定数量的进程供用户调用。当有新的请求提交到 pool 中时，如果池还没有满，就会创建一个新的进程用来执行该请求；但如果池中的进程数已经达到规定的最大值，该请求就会继续等待，直到池中有进程结束才能够创建新的进程。

在使用 Pool 之前需要了解一下阻塞和非阻塞的概念。

阻塞和非阻塞关注的是程序在等待调用结果（消息、返回值）时的状态。阻塞要等到回调结果出来，在有结果之前，当前进程会被挂起。非阻塞为添加进程后，不一定非要等到结果出来就可以添加其他进程运行。

首先，我们可以使用 Pool 的非阻塞方法和 Queue 获取网页数据，代码如下：

```
from multiprocessing import Pool, Manager
import time
import requests

link_list = []
```

```python
with open('alexa.txt', 'r') as file:
    file_list = file.readlines()
    for eachone in file_list:
        link = eachone.split('\t')[1]
        link = link.replace('\n','')
        link_list.append(link)

start = time.time()
def crawler(q, index):
    Process_id = 'Process-' + str(index)
    while not q.empty():
        url = q.get(timeout=2)
        try:
            r = requests.get(url, timeout=20)
            print (Process_id, q.qsize(), r.status_code, url)
        except Exception as e:
            print (Process_id, q.qsize(), url, 'Error: ', e)


if __name__ == '__main__':
    manager = Manager()
    workQueue = manager.Queue(1000)

    # 填充队列
    for url in link_list:
        workQueue.put(url)

    pool = Pool(processes=3)
    for i in range(4):
        pool.apply_async(crawler, args=(workQueue, i))

    print ("Started processes")
    pool.close()
    pool.join()

    end = time.time()
    print ('Pool + Queue 多进程爬虫的总时间为：', end-start)
    print ('Main process Ended!')
```

如果要将线程池 Pool 和 Queue 结合，Queue 的使用方式就需要改变，这里用到 multiprocessing 中的 Manger，使用 manager = Manager() 和 workQueue = manager.Queue(1000)来创建队列。这个队列对象可以在父进程与子进程间通信。接下来创建线程池和线程，代码如下：

```
pool = Pool(processes=3)
for i in range(4):
    pool.apply_async(crawler, args=(workQueue, i))
```

使用 Pool(processes=3)创建线程池的最大值为 3，使用 pool 创建子进程的方法与 Process 不同，是通过 pool.apply_async(target=func,args=(args))实现的，上述代码使用 pool.apply_async(crawler, args=(workQueue, i))创建非阻塞进程。

值得注意的是，参数值是 crawler 的函数名，而并非是 crawler()，因为带有括号表示是对函数的调用。假如使用 target=crawler()，就代表调用 crawler()函数，将返回的结果赋予 target，这并非我们想要的。第二个参数 args 是使用元组（tuple）类型传入两个参数。

运行上述代码，得到的结果是：

Process-1 2 200 http://www.qq.com

Process-1 0 429 http://www.reddit.com

Process-0 3 200 http://www.baidu.com

Process-0 0 200 http://www.taobao.com

Process-2 1 200 http://www.naver.com

Process-2 0 200 http://www.sohu.com

……

上述例子使用了非阻塞方法，也就是说，不需要等到进程运行完就可以添加其他进程了。如果要使用阻塞方法也很简单，将 pool.apply_async(target=func,args=(args))改成 pool.apply(target=func,args=(args))即可。

修改成阻塞方法后，运行代码，得到的结果是：

Process-0 999 200 http://www.baidu.com

Process-0 998 200 http://www.qq.com

Process-0 997 200 http://www.naver.com

Process-0 996 200 http://www.taobao.com

Process-0 995 429 http://www.reddit.com

Process-0 994 200 http://www.sohu.com

……

可以发现，与非阻塞方法不同的是，阻塞方法一定要等到某个进程执行完才会添加另一个进程。

8.4 多协程爬虫

除了多线程和多进程外，Python 的网络爬虫还可以使用协程（Coroutine）。协程是一种用户态的轻量级线程，使用协程有众多好处：

第一个好处是协程像一种在程序级别模拟系统级别的进程，由于是单线程，并且少了上下文切换，因此相对来说系统消耗很少，而且网上的各种测试也表明协程确实拥有惊人的速度。

第二个好处是协程方便切换控制流，这就简化了编程模型。协程能保留上一次调用时的状态（所有局部状态的一个特定组合），每次过程重入时，就相当于进入了上一次调用的状态。

第三个好处是协程的高扩展性和高并发性，一个 CPU 支持上万协程都不是问题，所以很适合用于高并发处理。

协程也有缺点。第一，协程的本质是一个单线程，不能同时使用单个 CPU 的多核，需要和进程配合才能运行在多 CPU 上。第二，有长时间阻塞的 IO 操作时不要用协程，因为可能会阻塞整个程序。

在 Python 的协程中可以使用 gevent 库。gevent 也可以使用 pip 安装：

```
pip install gevent
```

安装完 gevent，就可以使用 gevent 进行爬虫了，代码如下：

```
import gevent
from gevent.queue import Queue, Empty
import time
import requests

from gevent import monkey #把下面有可能有 IO 操作的单独做上标记
monkey.patch_all()# 将 IO 转为异步执行的函数

link_list = []
with open('alexa.txt', 'r') as file:
    file_list = file.readlines()
    for eachone in file_list:
        link = eachone.split('\t')[1]
        link = link.replace('\n','')
        link_list.append(link)

start = time.time()
def crawler(index):
```

```
        Process_id = 'Process-' + str(index)
        while not workQueue.empty():
            url = workQueue.get(timeout=2)
            try:
                r = requests.get(url, timeout=20)
                print (Process_id, workQueue.qsize(), r.status_code,url)
            except Exception as e:
                print (Process_id, workQueue.qsize(), url, 'Error:', e)

def boss():
    for url in link_list:
        workQueue.put_nowait(url)

if __name__ == '__main__':
    workQueue = Queue(1000)

    gevent.spawn(boss).join()
    jobs = []
    for i in range(10):
        jobs.append(gevent.spawn(crawler, i))
    gevent.joinall(jobs)

    end = time.time()
    print ('gevent + Queue 多协程爬虫的总时间为：', end-start)
    print ('Main Ended!')
```

在上述代码中，我们首先使用了：

```
from gevent import monkey
monkey.patch_all()
```

这样可以实现爬虫的并发能力，如果没有这两句，整个抓取过程就会变成依次抓取。gevent 库中的 monkey 能把可能有 IO 操作的单独做上标记，将 IO 变成可以异步执行的函数。

我们还是用 Queue 创建队列，但是在 gevent 中需要使用：

```
gevent.spawn(boss).join()
```

将队列中加入的内容整合到 gevent 中。接下来使用如下代码创建多协程的爬虫程序：

```
jobs = []
for i in range(10):
    jobs.append(gevent.spawn(crawler, i))
```

```
gevent.joinall(jobs)
```

运行上述代码,可以发现开了 10 个协程,爬虫的速度变得非常快。正如前面所言,多协程爬虫能够很好地支持高并发的工作。得到的结果如下:

Process-0 990 200 http://www.baidu.com
Process-9 989 200 http://www.jd.com
Process-1 988 200 http://www.qq.com
Process-8 987 200 http://www.daum.net
Process-7 986 200 http://www.sina.com.cn
Process-5 985 200 http://www.sohu.com
Process-1 984 200 http://www.aliexpress.com
……

8.5 总结

1. 回顾多线程、多进程、多协程

首先回顾一下本节几个重要概念。

并发(concurrency)和并行(parallelism):并发是指在一个时间段发生若干事件的情况。并行是指在同一时刻发生若干事件的情况。

同步是指并发或并行的各个任务不是独自运行的,任务之间有一定的交替顺序,可能在执行完一个任务并得到结果后,另一个任务才会开始运行。

异步则是并发或并行的各个任务可以独立运行,一个任务的运行不受另一个影响。

为了更好地理解多线程、多进程和多协程,下面给出其区别。

图 8-1 所示为多线程的执行方式,程序的执行是在不同线程之间切换的。当一个线程等待网页下载时,进程可以切换到其他线程执行。

图 8-2 所示为多进程的执行方式,程序的执行是并行、异步的,多个线程可以在同一时刻发生若干事件。这里一个进程只有一个线程,那么可不可以在多进程中的一个进程运行

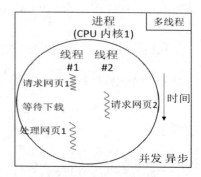

图 8-1 多线程的执行方式

多个线程呢？答案是肯定的。在多进程中运行多线程的方法可以自行学习。

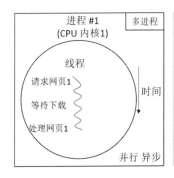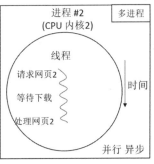

图 8-2 多进程的执行方式

图 8-3 所示为多协程的执行方式。协程是一种用户态的轻量级线程，在程序级别来模拟系统级别用的进程。在一个进程中，一个线程通过程序的模拟方法实现高并发。

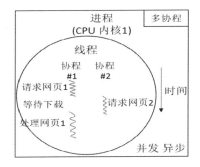

图 8-3 多协程的执行方式

2. 性能对比

为了进一步理解多线程、多进程、多协程对于抓取时间的影响，我们对于使用不同方式所花费的时间进行了对比，如表 8-1 所示。

表 8-1 多线程、多进程、多协程的对比

程序	线程数	进程数	协程数	时间（秒）	与串行时间的百分比
串行	1	1	1	1721.36	100%
多线程	3	1	1	549.73	31%
多线程	10	1	1	312.77	18%
多进程	1	3	1	549.98	31%
多进程	1	10	1	143.38	8%
多协程	1	1	3	922.81	53%
多协程	1	1	10	338.34	20%

可以看到，多线程、多进程和多协程所需要的时间明显少于串行。在多线程和多进程中，3个线程或3个进程所花的时间基本上是串行的1/3。而当线程或进程数增多的时候，在数量为10的情况下，多进程仅用了8%的时间，多线程用了18%的时间。新增的线程能够加快下载速度，但是相对于之前添加的线程效果会越来越不明显。

其实，前面也有说过Python在多线程中的GIL锁机制，因为某个进程需要在更多线程之间切换，所以就会浪费很多时间。而多进程是调集CPU的多个进程进行工作，10个进程的性能是串行的10多倍。

多协程由于是在单线程上模拟的并发编程，因此从串行到3个协程，再添加到10个协程，它在性能上并没有多线程和多进程那么好。除此之外，由于带宽的限制，新添加的协程并不会带来更快的速度。

第 9 章

◀ 反爬虫问题 ▶

爬虫、反爬虫和反反爬虫是网络爬虫过程中一直伴随的问题。

现实世界的网络爬虫程序并不像之前介绍的爬取博客那么简单,运行不如意者十有八九。首先需要理解一下"反爬虫"这个概念,其实就是"反对爬虫"。根据网络上的定义,网络爬虫为使用任何技术手段批量获取网站信息的一种方式。"反爬虫"就是使用任何技术手段阻止批量获取网站信息的一种方式。

本章主要介绍反爬虫问题,包括网站对爬虫实施限制封锁的原因和爬虫程序如何解决这个问题。

9.1 为什么会被反爬虫

对于一个经常使用爬虫程序获取网页数据的人来说，遇到网站的"反爬虫"已经是司空见惯。

那么，网站为什么要"反爬虫"呢？

第一，网络爬虫浪费网站的流量，也就是浪费钱。爬虫对于一个网站来说并不算是真正用户的流量，而且往往能够不知疲倦地爬取网站。更有甚者，使用分布式的多台机器爬虫，造成网站浏览量增高，浪费网站流量。

第二，数据是每家公司非常宝贵的资源。在大数据时代，数据的价值越来越突出，很多公司都把它作为自己的战略资源。由于数据都是公开在互联网上的，如果竞争对手能够轻易获取数据，并使用这些数据采取针对性的策略，长此以往，就会导致公司竞争力的下降。

因此，有实力的大公司便开始利用技术进行反爬虫，如淘宝、京东、携程等。反爬虫是指使用任何技术手段阻止别人批量获取自己网站信息的一种方式。

再次特地声明，大家在获取数据时一定要有节制、有节操地爬虫。本书中的爬虫也仅用于学习、研究用途，请不要用于非法用途，任何由此引发的法律纠纷请自行负责。

9.2 反爬虫的方式有哪些

在网站"反爬虫"的过程中，由于技术能力的差别，因此不同网站对于网络爬虫的限制也是不一样的。在实际的爬虫过程中会遇到各种问题，可以大致将其分成以下3类。

（1）不返回网页，如不返回内容和延迟网页返回时间。

（2）返回数据非目标网页，如返回错误页、返回空白页和爬取多页时均返回同一页。

（3）增加获取数据的难度，如登录才可查看和登录时设置验证码。

9.2.1 不返回网页

不返回网页是比较传统的反爬虫手段，也就是在爬虫发送请求给相应网站地址后，网站返回 404 页面，表示服务器无法正常提供信息或服务器无法回应；网站也可能长时间不返回数据，这代表对爬虫已经进行了封杀。

首先，网站会通过 IP 访问量反爬虫。因为正常人使用浏览器访问网站的速度是很慢的，不太可能一分钟访问 100 个网页，所以通常网站会对访问进行统计，如果单个 IP 的访问量超过了某个阈值，就会进行封杀或要求输入验证码。

其次，网站会通过 session 访问量反爬虫。session 的意思"会话控制"，session 对象存储特定用户会话所需的属性和配置信息。这样，当用户在应用程序的 Web 页之间跳转时，存储在 session 对象中的变量将不会丢失，而是在整个用户会话中一直存在下去。如果一个 session 的访问量过大，就会进行封杀或要求输入验证码。

此外，网站也会通过 User-Agent 反爬虫。User-Agent 表示浏览器在发送请求时，附带当前浏览器和当前系统环境的参数给服务器，我们可以在 Chrome 浏览器的审查元素中找到。图 9-1 所示为 Windows 系统使用 Chrome 访问百度首页的请求头。

```
Request Headers    view source
Accept: text/html,application/xhtml+xml,application/xml;q=0.9,image/webp,*/*;q=0.8
Accept-Encoding: gzip, deflate, sdch, br
Accept-Language: zh-CN,zh;q=0.8,en;q=0.6,zh-TW;q=0.4
Cache-Control: max-age=0
Connection: keep-alive
Cookie: BAIDUID=9C64C688C8AF0E5AC8415CA17E78B8A8:FG=1; BIDUPSID=9C64C688C8AF0E5AC8415CA17E78B8A8; PSTM=1489647335; BD_HOME=0;
Host: www.baidu.com
Upgrade-Insecure-Requests: 1
User-Agent: Mozilla/5.0 (Windows NT 6.1; Win64; x64) AppleWebKit/537.36 (KHTML, like Gecko) Chrome/56.0.2924.87 Safari/537.36
```

图 9-1　使用 Chrome 访问百度首页的请求头

当我们使用 Requests 库进行爬虫的时候，默认的 User-Agent 为 python-requests/2.8.1（后面的版本号可能不同）。当服务器判断这个不是真正的浏览器时会予以封锁，或者当单个 User-Agent 的访问超过阈值的时候予以封锁，但是这样会误伤正常用户，可谓伤敌一千，自损八百。

9.2.2 返回非目标网页

除了不返回网页外，还有爬虫返回非目标网页，也就是网站会返回假数据，如返回空白页或爬取多页的时候返回了同一页。当你的爬虫顺利地运行起来，你开开心心地去做其他事情了，结果半个小时之后发现爬取的每一页的结果都是一样的，这就是获取了假的网站。

例如在去哪儿网的机票价格页面，网上标注的价格居然和 html 源码不一样。例如图 9-2 里网上标注的价格是 530 元，但是 html 源码中的机票价格是 538 元。

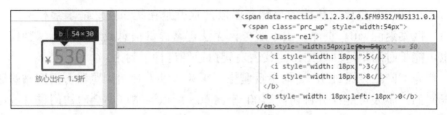

图 9-2　去哪儿机票价格

这样的方式除了去哪儿网，在猫眼电影和斗鱼直播中都有使用，爬取下来的数字和真实的数字会不一样。

除此之外，例如在大众点评中，呈现的部分文字和数字会使用 SVG 矢量图来进行替代，用不同的偏移量显示不同的字符。如图 9-3 所示，如果使用爬虫直接过去评论的文字，会漏掉很多文字。

图 9-3　大众点评文字替代

9.2.3　获取数据变难

网站也会通过增加获取数据的难度反爬虫，一般登录才可以查看数据，而且会设置验证码。为了限制爬虫，无论你是否是真正的用户，网站都可能会要求你登录并输入验证码才能访问。例如，12306 为了限制自动抢票就采用了严格的验证码功能，需要用户在 8 张图片中选择正确的选项，如图 9-4 所示。

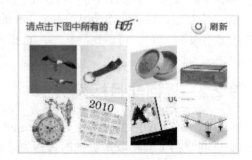

图 9-4　图片验证码

9.3 如何"反反爬虫"

网站利用"反爬虫"阻止别人批量获取自己的网站信息。但是"道高一尺，魔高一丈"，负责写网络爬虫程序的人又针对网站的"反爬虫"进行了"反反爬虫"，也就是突破网站的"反爬虫"阻止，让爬虫程序能够顺利运行下去。

对于如何让爬虫顺利运行下去，中心思想是让爬虫程序看起来更像正常用户的浏览行为。正常用户是使用一台计算机的一个浏览器浏览，而且速度比较慢，不会在短时间浏览过多的页面。对于一个爬虫程序而言，就需要让爬虫运行得像正常用户一样。

本节介绍的"反反爬虫"均为常见的"反反爬虫"方法，对于那些攻击网站服务器、对网页的浏览产生伤害的方法，本书既不讲述也不推荐。读者进行爬虫行为引发的法律纠纷请自行负责。

9.3.1 修改请求头

对于 9.2.1 小节中使用 User-Agent 反爬虫的方法，我们可以修改请求头，从而实现顺利获取网页的目的。

如果不修改请求头，header 就会是 python-requests/2.12.4。

```
import requests
r = requests.get('http://www.santostang.com')
print (r.request.headers)
```

结果是：{'User-Agent': 'python-requests/2.12.4', 'Accept-Encoding': 'gzip, deflate', 'Accept': '*/*', 'Connection': 'keep-alive'}。

简单的方法需要把请求头改成真正浏览器的格式，例如：

```
import requests

link = 'http://www.santostang.com'
headers = {'User-Agent' : 'Mozilla/5.0 (Windows; U; Windows NT 6.1; en-US; rv:1.9.1.6) Gecko/20091201 Firefox/3.5.6'}
r = requests.get(link, headers= headers)
print (r.request.headers)
```

运行上述代码，得到的结果是：

{'User-Agent': 'Mozilla/5.0 (Windows; U; Windows NT 6.1; en-US; rv:1.9.1.6) Gecko/20091201 Firefox/3.5.6', 'Accept-Encoding': 'gzip, deflate', 'Accept': '*/*', 'Connection': 'keep-alive'}

可以看到，header 已经变成使用浏览器的 header。

此外，我们也可以做一个 User-Agent 的池，并且随机切换 User-Agent。但是在实际爬虫中，针对某个 User-Agent 的访问量进行封锁的网站比较少，所以只将 User-Agent 设置为正常的浏览器 User-Agent 就可以了。

这里介绍一个 Python 的库 fake-useragent，可以容易地切换 User-Agent。fake-useragent 也可以使用 pip 安装：

```
pip install fake-useragent
```

安装完 fake-useragent，就可以用来更换 user agent 了，代码如下：

```python
from fake_useragent import UserAgent
import requests

link = 'http://www.santostang.com'
ua=UserAgent()
headers={"User-Agent":ua.random}
response=requests.get(url=url,headers=headers)

#响应状态信息
print(response.status_code)
print (r.request.headers)
```

这里可以使用 ua.random 实现随机变换 headers，每一次都会生成不一样的伪装请求头。

除了 User-Agent，我们还需要在 header 中写上 Host 和 Referer。在第 3 章 3.3.2 小节中已经介绍过定制请求头的方法，此处不再赘述。

9.3.2 修改爬虫的间隔时间

如果爬虫运行得太过频密，一方面对网站的浏览极不友好，另一方面十分容易招致网站的反爬虫。因此，当你运行爬虫程序的时候，两次访问之间一定要设置间隔时间。

我们可以使用 time 库在爬虫访问之间设置一定的间隔时间，代码如下：

```python
import time
t1 = time.time()
```

```
time.sleep(2)
t2 = time.time()
total_time = t2-t1
print (total_time)
```

运行代码，得到的结果是：2.0001144409179688。你的结果可能与这个结果不一样，但是应该约等于 2 秒。也就是说，可以使用 time.sleep(2)让程序休息 2 秒钟，括号中间的数字代表秒数。

如果使用一个固定的数字作为时间间隔，就可能使爬虫不太像正常用户的行为，因为真正用户访问不太可能出现如此精准的秒数间隔。所以还可以使用 Python 的 random 库进行随机数设置，代码如下：

```
import time
import random

sleep_time = random.randint(0,2) + random.random()
print (sleep_time)
time.sleep(sleep_time)
```

运行代码，得到的结果是：1.3282118582158329。你的结果可能与这个结果不一样，但是应该在 0 秒到 3 秒之间。这里 random.randint(0,2)的结果是 0、1 或 2，而 random.random()是一个 0~1 的随机数。这样获得的时间非常随机，更像用户的行为。

如果把爬虫程序和时间间隔结合在一起，就可以在两次爬虫中添加一定的时间间隔，例如：

```
import requests
from bs4 import BeautifulSoup
import time
import random

link = "http://www.santostang.com/"

def scrap(link):
    headers = {'User-Agent' : 'Mozilla/5.0 (Windows; U; Windows NT 6.1; en-US; rv:1.9.1.6) Gecko/20091201 Firefox/3.5.6'}
    r = requests.get(link, headers= headers)
    html = r.text
    soup = BeautifulSoup(html, "lxml")
    return soup

soup = scrap(link)
```

```python
title_list = soup.find_all("h1", class_="post-title")
for eachone in title_list:
    url = eachone.a['href']
    print ('开始爬取这篇博客: ', url)
    soup_article = scrap(url)
    title = soup_article.find("h1", class_="view-title").text.strip()
    print ('这篇博客的标题为: ', title)
    sleep_time = random.randint(0,2) + random.random()
    print ('开始休息: ', sleep_time, '秒')
    time.sleep(sleep_time)
```

在上述代码中，scrap(link)函数用来获取某个网页的代码，首先获取主页所有博客文章的链接，然后使用 random.randint(0,2) + random.random() 和 time.sleep(sleep_time)以间隔 0 秒到 3 秒的方式爬取这些文章。

运行上述代码，得到的部分结果是：

开始爬取这篇博客：　http://www.santostang.com/2017/03/08/hello-python/

这篇博客的标题为：　Hello Python!

开始休息：　0.16292490492777212 秒

在实践过程中，如果每次爬取都间隔 0~3 秒，也不太像真实的访问。因为我们浏览一个网站一定的时间后可能会浏览其他网站，然后过一段时间继续回来浏览。因此，可以在爬取一定页数后休息更长的时间。例如，可以设置每爬取 5 次数据休息 10 秒。

```python
scrap_times = 0
for eachone in title_list:
    url = eachone.a['href']
    print ('开始爬取这篇博客: ', url)
    soup_article = scrap(url)
    title = soup_article.find("h1", class_="view-title").text.strip()
    print ('这篇博客的标题为: ', title)
    
    scrap_times += 1
    if scrap_times % 5 == 0:
        sleep_time = 10 + random.random()
    else:
        sleep_time = random.randint(0,2) + random.random()
    time.sleep(sleep_time)
    print ('开始休息: ', sleep_time, '秒')
```

9.3.3 使用代理

代理（Proxy）是一种特殊的网络服务，允许一个网络终端（一般为客户端）通过这个服务与另一个网络终端（一般为服务器）进行非直接的连接。形象地说，代理就是网络信息的中转站。代理服务器就像一个大的缓冲区，这样能够显著提高浏览速度和效率。

举一个简单的例子，如果访问国外某个网站时速度很慢，就可以用国内某个代理服务器作为中转，你的计算机再通过代理服务器请求访问这个网站。数据先从国外某个网站传到国外的代理服务器，再传到你的计算机，由于这两步数据的传输较快，因此访问速度就变快了，如图 9-5 所示。

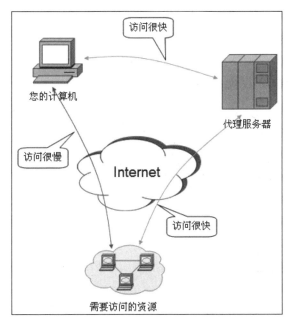

图 9-5　使用代理服务器访问国外的资源

我们也可以维护一个代理 IP 池，从而让爬虫程序隐藏自己的真实 IP。网上有很多免费的代理 IP，良莠不齐，可以通过筛选找到能用的。但是代理 IP 池维护起来很麻烦，而且十分不稳定。以下是使用代理 IP 获取网页的方法：

```
import requests

link = "http://www.santostang.com/"
proxies = {'http':'http://xxx.xxx.xxx.xxx:xxxx'}
response = requests.get(link, proxies=proxies)
```

由于代理 IP 很不稳定，这里就不放出代理 IP 的地址了。其实不推荐使用代理 IP 方法，主要原因有两个方面：一方面，虽然网络上有很多免费的代理 IP，但是都很不稳定，可能一两分钟就失效了；另一方面，通过代理 IP 的服务器请求爬取速度很慢。

对于使用代理 IP 感兴趣的读者，可以查找一些"Python 爬虫代理池"的文章学习。

9.3.4 更换 IP 地址

前面说过网站会通过 IP 访问量反爬虫，这是大多数网站反爬虫的主要方法，针对这样的反爬虫方法，可以使用更换 IP 地址的方法来解决。更换 IP 地址的方法主要有两种：一种是通过动态 IP 拨号服务器更换 IP，另一种是通过 Tor 代理服务器的方法。这两种方法将在第 12 章详细介绍。

9.3.5 登录获取数据

如果你爬取过一些网站，会发现爬虫运行一段时间后，网站会弹出来一个页面要求登录，或者弹出一个验证码要求填写验证码。这是因为网站检测到这个访问不太像用户的行为，所以登录网站之后再进行爬取，网站会比较少阻挡，所以可以登录之后再爬取数据。这种方法会将第 12 章详细介绍。

9.4 总结

本章介绍了反爬虫和常用的一些反反爬虫，其实这些初级的反反爬虫方法只能初步帮助我们顺利地完成爬虫程序。后面几章还会介绍一些其他的方法，例如手机网页端和 APP 端的反爬虫比较少。

第 10 章

◀ 解决中文乱码 ▶

如果你经常使用 Python 编程，或者在前面的章节中已经多次使用 Python 练习网络爬虫技术，就不可避免地会遇到中文乱码的问题。中文乱码问题经常难以解决，或者治标不治本，本章就来解决这一难题。

本章主要介绍什么是字符编码、Python 的字符编码是什么以及如何解决 Python 中文乱码的问题。

10.1 什么是字符编码

如果你已经使用 Python 编程了一段时间，就会发现 Python 的字符编码真是一件令人头痛的事情。

特别是当程序在运行的时候，突然冒出一个错误：

ValueError: Expected a bytes object, not a unicode object

或者在使用 print 打印结果的时候，突然冒出一个错误：

UnicodeDecodeError: 'cp950' codec can't decode byte 0x96 in position 10: illegal multibyte sequence

这时，你可能马上使用百度或谷歌搜索解决方法，但是根据网上的方法即使解决了错误，但是很可能不知道为什么这个方法能够解决这个错误。这也是笔者之前经常遇到的问题，接下来就为读者介绍这些错误为什么发生，并提供解决方案，让你不再有此烦恼。

首先，从字符串编码说起，无论是 Python 2 还是 Python 3，总体上说，字符串的编码只有两大类：

（1）通用的 Unicode 编码。
（2）将 Unicode 转化成的某种类型的编码，如 UTF-8、GBK 等。

介绍 Unicode 编码前，先来了解计算机编程的历史。

由于计算机只能处理数字，因此处理文本时必须先转换为数字才行。最早的计算机在设计时采用 8 比特（bit）作为一个字节（byte），而计算机采用二进制，所以一个字节可以表示 256 种不同的状态，每一个状态对应一个符号，就是 256 个符号，从 0000000 到 11111111。

美国人发明了计算机，同时制定了编码，以对应英文字符和二进制数字之间的关系。这种编码被称为 ASCII 码。ASCII 码一共规定了 128 个字符的编码，比如大写字母 A 是 65、二进制为 01000001。

其实，这 128 个字符表示英文绰绰有余，但是中文有超过 10 万个汉字，一个字节只能表示 256 种符号，显然是不够的。所以，中国使用 GB2312 作为简体中文常见的编码方式，两个字节表示一个汉字，理论上最多可以表示 256×256=65 536 个符号。除了中国以外，其他国家也纷纷制定了自己的编码来表示本国的文字，如日文用的是 Shift_JIS。这样造成的结果是，同一个字符可能会在不同国家/地区的编码体系中代表不一样的文字。例如，130 在法语编码中代表é，在希伯来语编码中却代表字母 Gimel (ג)。因此，在多语言的文本中可能会出现乱码。

为了让各国/地区能够跨语言、跨平台进行文本转换与处理，Unicode 被创造了出来。

Unicode 被称为统一码、万国码或单一码。也就是说，它为每种语言中的每个字符设定了统一并且唯一的二进制编码，大概包含 100 多万个符号。

Unicode 和 ASCII 的区别是什么呢？Unicode 编码通常是两个字节，而 ASCII 是一个字节。例如，字母 A 的 ASCII 编码为 01000001，Unicode 编码为 00000000 01000001，其实英文字母 ASCII 编码转成 Unicode 编码就是在前面加 0。

既然 Unicode 已经包含所有符号了，为什么 Unicode 还会被编码呢？

因为在 ASCII 中，英文字母只用一个字节表示就够了，但是用 Unicode 编码写英文的每个符号用两个字节，因此要将其中一个字节全部用 0 表示。这样存储造成极大的浪费，比 ASCII 多了一倍的存储空间。

为了节省空间，开发了一些中间格式的字符集，被称为通用转换格式 Unicode Transformation Format（UTF），常见的有 UTF-8 和 UTF-16。

随着互联网的普及，强烈要求出现一种统一的编码方式，UTF-8 就是在互联网上使用最广的一种 Unicode 的实现方式。UTF-8 最大的一个特点是长度可变，它可以使用 1~4 个字节表示一个符号，英文字母通常被编为 1 个字节，汉字通常被编为 3 个字节，如表 10-1 所示。

表 10-1 英文字母 A 和汉字中的编码对照

字符	ASCII	Unicode	UTF-8
A	01000001	00000000 01000001	01000001
中		01001110 00101101	11100100 10111000 10101101

对于 UTF-8 编码，怎么知道什么时候是 1 个字节，什么时候是 3 个字节呢？

其实，UTF-8 的编码规则很简单，只有两条：

（1）对于单字节的符号，字节的第 1 位设为 0，后面 7 位为这个符号的 Unicode 码。因此对于英语字母，UTF-8 编码和 ASCII 码是相同的。

（2）对于 n 字节的符号（n>1），第 1 个字节的前 n 位都设为 1，第 n+1 位设为 0，后面字节的前两位一律设为 10，剩下的没有提及的二进制位全部为这个符号的 Unicode 码。

例如，上述字符 A 为单字节符号，其 UTF-8 编码字节的第 1 位是 0。而汉字"中"为 3 个字节符号：第 1 个字节的前 3 位都设为 1，第 1 个字节的第 4 位为

0,后面字节的前两位全为 10。

10.2 Python 的字符编码

明白了 Unicode 和 UTF-8 的区别和关系后,再来看看 Python 的编码方式。在 Python 3 中,字符串的编码使用 str 和 bytes 两种类型。

(1) str 字符串:使用 Unicode 编码。
(2) bytes 字符串:使用将 Unicode 转化成的某种类型的编码,如 UTF-8、GBK。

在 Python 3 中,字符串默认的编码为 Unicode,所以基本上出现的问题比较少。而 Python 2 相对 Python 3 来说,由于字符串默认使用将 Unicode 转化成的某种类型的编码,可以采用的编码比较多,因此使用过程中经常遇到编码问题,为用户带来很多烦恼。

本书使用 Python 3 作为编程语言,为了让大家更容易理解,后面仅讨论 Python 3 的中文编码。

Python 的默认编码如下:

```
In [1]:str1 = "我们"
       print (str1)
       print (type(str1))
```

我们
<class 'str'>

可以看出,Python 3 的字符串默认编码为 str,也就是使用 Unicode 编码。

encode 和 decode

这些默认的 str 字符串怎么转化成 bytes 字符串呢?

这里就要用到 encode 和 decode 了。encode 的作用是将 Unicode 编码转换成其他编码的字符串,而 decode 的作用是将其他编码的字符串转换成 Unicode 编码,如图 10-1 所示。

图 10-1 encode 与 decode 编码的转换

图 10-1 所示为 Unicode 和 UTF-8 之间编码转换的例子，代码实现如下：

```
In [2]:str1 = "我们"
       str_utf8 = str1.encode('utf-8')
       print (str_utf8)
       print (type(str_utf8))
```

b'\xe6\x88\x91\xe4\xbb\xac'
<class 'bytes'>

这里的 str_utf8 已经为 UTF-8 编码了，中文字符转换后，1 个 Unicode 字符将变为 3 个 UTF-8 字符，\xe6 就是其中一个字节，因为它的值是 230，没有对应的字母可以显示，所以以十六进制显示字节的数值。\xe6\x88\x91 三个字节代表"我"字，\xe4\xbb\xac 三个字节代表"们"字，代码实现如下：

```
In [3]:str_decode = str1.encode('utf-8').decode('utf-8')
       print (str_decode)
       print (type(str_decode))
```

我们
<class 'str'>

再用 decode 可以把用 UTF-8 编码的字符串解码为 Unicode 编码。要编码成其他类型的编码时，也可以用 encode，如 GBK。如果想要查看具体的编码类型，那么可以用到 chardet，代码实现如下：

```
In [4]:import chardet
       str_gbk = "我们".encode('gbk')
       chardet.detect(str_gbk)
```

{'confidence': 0.8095977270813678,
'encoding': 'TIS-620'}

如果你脑洞大开，或许会问这样一个问题：Unicode 还可以 decode 吗？显示结果如下：

```
In [5]:str_unicode_decode = "我们".decode()
```

```
AttributeError
Traceback (most recent call last)
<ipython-input-5-0402a0b683b7>
in <module>()
----> 1 str_unicode_decode = "我们".decode()
```

AttributeError: 'str' object has no ttribute 'decode'

已经被编码的 UTF-8 还可以再 encode 吗？显示结果如下：

```
In [6]:str_utf8 = "我们".encode('utf-8')
       str_gbk = str_utf8.encode('gbk')
```

```
AttributeError
Traceback (most recent call last)
<ipython-input-6-5d0c32a4bf21>
in <module>()
      1 str_utf8 = "我们".encode('utf-8')
----> 2 str_gbk = str_utf8.encode('gbk')
```

AttributeError: 'bytes' object has no attribute 'encode'

答案都是否定的。因为在 Python 3 中，Unicode 不可以再被解码。如果想把 UTF-8 转成其他非 unicode 编码，那么必须先 decode 成 Unicode，再 encode 为其他非 Unicode 编码，如 GBK。

encode 转换为其他非 Unicode 编码的代码如下：

```
In [7]:str_utf8 = "我们".encode('utf-8')
       str_gbk = str_utf8.decode('utf-8').encode('gbk')
       print (str_gbk)
```

b'\xce\xd2\xc3\xc7'

10.3 解决中文编码问题

理解了 Python 的编码后,出现的问题就很容易解决了。在使用 Python 进行网络爬虫的时候,对于中文出现的乱码会出现以下几种情况。

问题 1:使用 Requests 获得网站内容后,发现中文显示乱码。
问题 2:将某个字符串 decode 时,字符串中有非法字符,程序抛出异常。
问题 3:网页使用 gzip 压缩,解析网页数据的时候中文不不乱码显示。
问题 4:写入和读取文件的时候,文件显示的字符串不是正确的中文。

10.3.1 问题 1:获取网站的中文显示乱码

获取 w3school 网站的内容,图 10-2 所示为"领先的 Web 技术教程-全部免费"页面。

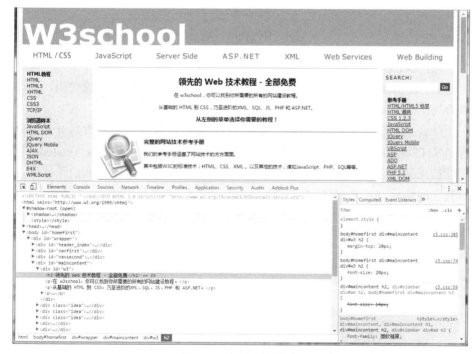

图 10-2 显示网页内容

如果我们使用前几章介绍的方法,其代码为:

```
import requests
from bs4 import BeautifulSoup

url = 'http://w3school.com.cn/'
r = requests.get(url)
soup = BeautifulSoup(r.text, "lxml")
xx = soup.find('div',id='d1').h2.text
print (xx)
```

运行上述代码，得到的结果是：ÁìÏÈµÄ Web ¼¼Êõ½Ì³Ì - È«²¿Ãâ·Ñ。

这一行乱码不是我们所期望的结果，问题出在哪儿呢？这是因为代码中获得的网页的响应体 r 和网站的编码方式不同。键入 r.encoding，得到的结果是 ISO-8859-1。意思是 Requests 基于 HTTP 头部推测的文本编码是 ISO-8859-1。

从网站代码中可以看到，真正使用的编码是 gb2312，如图 10-3 所示。

```
<title>w3school 在线教程</title>
<meta name="description" content="全球最大的中文 Web 技术教程。" />
<link rel="stylesheet" type="text/css" href="/c5.css" />
<meta http-equiv="Content-Type" content="text/html; charset=gb2312" />
<meta http-equiv="Content-Language" content="zh-cn" />
<meta name="robots" content="all" />
<meta name="author" content="w3school.com.cn" />
<meta name="Copyright" content="Copyright W3school.com.cn All Rights Reserved." />
<meta name="MSSmartTagsPreventParsing" content="true" />
<meta http-equiv="imagetoolbar" content="false" />
<link rel="shortcut icon" href="/favicon.ico" type="image/x-icon" />
```

图 10-3　使用的编码是 gb2312

因此，我们需要声明 r 的正确编码为 gb2312。

在 r = requests.get(url)后加上 r.encoding = 'gb2312'，再运行一次代码，应该就可以得到正确结果了。

为什么之前爬取网页时不用声明编码方式呢？这是因为大多数网页的编码方式都是 UTF-8，Requests 会自动解码来自于服务器的内容。大多数 Unicode 字符集都能被无缝地解码，这其中就包括 UTF-8。例如，查看京东电商的源代码，可以看到它的编码方式是 UTF-8，如图 10-4 所示。

```
<meta charset="UTF-8">
<title>京东(JD.COM)-正品低价、品质保障、配送及时、轻松购物！</title>
<meta name="description" content="京东JD.COM-专业的综合网上购物商城,
，为您提供愉悦的网上购物体验!" />
<meta name="Keywords" content="网上购物,网上商城,手机,笔记本,电脑,MP3
```

图 10-4　网页的编码方式是 UTF-8

10.3.2　问题 2：非法字符抛出异常

当我们将某个字符串从 GBK 解码为 Unicode 的时候，可以采用：

```
str1.decode('GBK')
```

但是在实际进行网络爬虫的时候，可能会遇到如下异常：

UnicodeDecodeError: 'GBK' codec can't decode byte in position 20146-20147: illegal multibyte sequence

出错的原因是有些网站的编码不规范，在一个页面里混入了多种编码，于是出现了非法字符。

例如，全角的空格往往有多种不同的实现方式，如\xa3\xa0、\xa4\x57，这些字符看起来像是全角空格，但是它们并不是真正的全角空格，真正的全角空格为\xa1\xa1，所以在解码的过程中就会出现异常。但是这样的问题很让人头疼，因为只要字符串中出现了一个非法字符，整个爬虫程序都有可能因此报错，进而停止运行。

解决方法很简单，可以采用 ignore 忽略这些非法字符：

```
str1.decode('GBK','ignore')
```

在 decode 方法中，decode 的函数原型为 decode([encoding], [errors='strict'])，第二个变量为控制错误处理的方式，默认为 strict，遇到非法字符时会抛出异常。我们可以把第二个参数设置为其他变量，有以下 3 种方法：

（1）ignore，忽略其中的非法字符，仅显示有效字符。
（2）replace，使用符号代替非法字符，如'?'或'\ufffd'。
（3）xmlcharrefreplace，使用 XML 字符引用代替非法字符。

10.3.3　问题 3：网页使用 gzip 压缩

当使用 Requests 获取新浪网首页的时候，然后去网页源代码处了解编码，可以发现使用的是 UTF-8 编码。我们直接使用前几章介绍的方法获取内容，代码如下：

```
import requests
url = 'http://www.sina.com.cn/'
r = requests.get(url)
print (r.text)
```

运行上述代码，部分结果截图如图 10-5 所示。

```
<!DOCTYPE html>
<!-- [ published at 2017-05-14 18:21:12 ] -->
<html>
<head>
    <meta http-equiv="Content-type" content="text/html; charset=utf-8" />
    <meta http-equiv="X-UA-Compatible" content="IE=edge" />
    <title>æ–°é¡é¡µ</title>
    <meta name="keywords" content="æ–°æµª,æ–°æµªç½‘,SINA,sina,sina.com.cn,æ–°é¡­é¡µ,é—¨æˆ·,èµ„è®¯"
    />
    <meta name="description" content="æ–°æµªç½‘ä¸ºå…¨çƒç"¨æˆ·24å°æ—¶æä¾›å…¨é¢å"Šæ—¶çš„ä¸æ–‡èµ„è®¯ï¼ŒåŠ…å®¹è¦†ç›–å›½å†…å¤–çªå"'æ°'äº‹ä»¶ã€ä½"å"›èµ›äº‹ã€å¨±ä¹æ—¶å°šã€äº§ä¸šèµ"è®¯ã€å®žç"¨ä¿¡æ¯ç‰ï¼Œè®¾æœ‰æ–°é—»ã€ä½"å"›ã€å¨±ä¹ã€è´¢ç»ã€ç§'æŠ€ã€æˆ¿äº§ã€æ±½è½¦ç‰30å¤šä¸ªå†…å®¹é¢'é"", å"Œåˆ©ç"¨æ–°æµªå"šå®¢ã€è§†é¢'ã€è®ºå›ç‰è‡ªç"±äº'åŠ¨äº¤æµç©ºé—´ã€'" />
```

图 10-5　中文显示为乱码

中文部分全为乱码，这里已经使用了默认的 Charset 编码方式，为什么还会出现乱码呢？这是因为新浪网使用 gzip 将网页压缩了，必须先将其解码才行。幸运的是，使用 r.content 会自动解码 gzip 和 deflate 传输编码的响应数据。

```
import chardet
after_gzip = r.content
print ('解压后字符串的编码为',chardet.detect(after_gzip))
print (after_gzip.decode('UTF-8'))
```

运行上述代码，得到的结果如图 10-6 所示。

```
解压后字符串的编码为 {'encoding': 'utf-8', 'confidence': 0.99}
<!DOCTYPE html>
<!-- [ published at 2017-05-14 18:21:12 ] -->
<html>
<head>
    <meta http-equiv="Content-type" content="text/html; charset=utf-8" />
    <meta http-equiv="X-UA-Compatible" content="IE=edge" />
    <title>新浪首页</title>
    <meta name="keywords" content="新浪,新浪网,SINA,sina,sina.com.cn,新浪首页,门户,资讯" />
    <meta name="description" content="新浪网为全球用户24小时提供全面及时的中文资讯，内容覆盖国内外突发新闻事件、体坛赛事、娱乐时尚、产业资讯、实用信息等，设有新闻、体育、娱乐、财经、科技、房产、汽车等30多个内容频道，同时开设博客、视频、论坛等自由互动交流空间。" />
```

图 10-6　显示正确的结果

在上述代码中，首先使用 r.content 解压 gzip，然后使用 Charset 找到该字符串的编码为 UTF-8，最后把字符串解码为 Unicode，就可以打印出来了。

10.3.4　问题 4：读写文件的中文乱码

在使用 Python 3 读取和保存文件的时候，一定要注明编码方式。

例如，创建一个 TXT 文件，命名为 test_ANSI.txt，里面保存有文本内容"abc 中文"。首先使用记事本默认的 ANSI 编码保存文件，如图 10-7 所示。

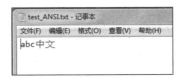

图 10-7　创建 test_ANSI.txt

然后创建另一个 TXT 文件，命名为 test_utf8.txt，里面保存有文本内容"abc 中文"，转为用 UTF-8 编码的格式保存，如图 10-8 所示。

图 10-8　创建 UTF-8 格式的文本文件

下面尝试用 Python 来读取这两个文件，先不注明编码方式，代码如下：

```
In [58]:result = open('test_ANSI.txt','r').read()
        print (result)
        abc 中文

In [59]:result = open('test_utf8.txt','r').read()
        print (result)
        ---------------------------------------------------------------
        UnicodeDecodeError                        Traceback (most
        recent call last)
        <ipython-input-59-2290a8249b20> in <module>()
        ----> 1 result = open('test_utf8.txt','r').read()
              2 print (result)

        UnicodeDecodeError: 'gbk' codec can't decode byte 0xad in
        position 8: illegal multibyte sequence
```

最后结果是 test_ANSI.txt 能够正确读取，而 test_utf8.txt 出现了异常。这是因为计算机的 Windows 系统安装的是简体中文版，默认的编码方式为 GBK（也就是这里的 ANSI），所以 test_ANSI.txt 能正确读取，而 test-utf8.txt 不能。

因此，我们必须在读取文件的时候声明编码方式：

```
result_ANSI = open('test_ANSI.txt', 'r', encoding='ANSI').read()
print (result_ANSI)
result_utf8 = open('test_utf8.txt', 'r', encoding='UTF-8').read()
print (result_utf8)
```

同理，当我们保存文件的时候，也一定要注明文件的编码：

```
title = '我们'
with open('title.txt', 'a+', encoding='UTF-8') as f:
    f.write(title)
    f.close()
```

以上是对于 TXT 文件和 CSV 文件的处理方法。对于 JSON 文件而言，当我们把带有中文的数据保存至 json 文件时，默认会以 Unicode 编码处理，例如：

```
import json
title = '我们 love 你们'
with open('title.json','w',encoding = 'UTF-8') as f:
    json.dump([title],f)
```

打开 title.json，数据如图 10-9 所示。

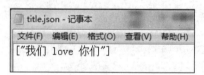

图 10-9　title.json 文件

如果我们希望能够显示出中文，可以把代码改为：

```
import json
title = '我们 love 你们'
with open('title.json','w',encoding = 'UTF-8') as f:
    json.dump([title],f,ensure_ascii=False)
```

打开新的 title.json，数据如图 10-10 所示。

图 10-10　显示正确的结果

10.4　总结

在各个 Python 讨论区经常可以看到大家讨论中文编码问题。希望通过这一章的学习，读者不像以前一样即使解决了中文编码问题却不知其所以然，而是可以通过理解为什么、怎么回事，融会贯通地理解编码问题，掌握"点石成金"之术。

第 11 章

◀ 登录与验证码处理 ▶

在第 9 章谈到了反爬虫会增加获取数据的难度，如登录后才可以查看、登录时设置验证码等。其实这些问题是可以解决的，我们既可以利用 Python 登录网页上的表单，还可以通过程序识别图片中的文字，以实现验证码的处理。

本章将针对第 9 章提出的要点进行介绍，主要包括如何处理登录表单、如何保存 cookies、如何使用人工方法处理验证码以及使用 OCR 识别方法处理验证码。

11.1 处理登录表单

随着 Web 2.0 的发展,大量数据都由用户产生,这里需要用到页面交互,如在论坛提交一个帖子或发送一条微博。因此,处理表单和登录成为进行网络爬虫不可或缺的一部分。获取网页和提交表单相比,获取网页是从网页抓取数据,而提交表单是向网页上传数据。

在客户端(浏览器)向服务器提交 HTTP 请求的时候,两种常用到的方法是 GET 和 POST。使用 GET 方法的时候,查询字符串(名称/值对)是在 GET 请求的 URL 中发送的:

http://httpbin.org/get?key1=value1&key2=value2

因为浏览器对 URL 有长度限制,所以 GET 请求提交的数据会有所限制。这里数据都清清楚楚地出现在 URL 中,所以 GET 请求不应在处理敏感数据时使用,如密码。

按照规定,GET 请求只应用于获取数据,因此前面介绍的都是使用 Requests 库的 GET 方法爬取数据。

相对于 GET 请求,POST 请求则用于提交数据。因为查询字符串(名称/值对)在 POST 请求的 HTTP 消息主体中,所以敏感数据不会出现在 URL 中,参数也不会被保存在浏览器历史或 Web 服务器日志中,例如:

POST /test/demo_form.asp HTTP/1.1
Host: w3schools.com
name1=value1&name2=value2

因此,表单数据的提交基本上要用到 POST 请求。

11.1.1 处理登录表单

大多数网站都会在网站上注明禁止爬虫登录表单,为了在法律和道德上的双保险,笔者在个人博客上开了一个测试账号,方便大家学习这一部分的内容。账号名为 test,密码为 a12345,为了方便其他读者的使用,请不要修改密码。读者可以使用笔者的网站学习如何处理登录表单,网站地址为 http://www.santostang.com/wp-login.php。

处理登录表单可以分为两步:

（1）研究网站登录表单，构建 POST 请求的参数字典。

（2）提交 POST 请求。

以下是构建 POST 请求的参数字典的几个步骤。

步骤 01 打开网页并使用"检查"功能。使用 Chrome 打开博客主页 http://www.santostang.com/wp-login.php，右击页面任意位置，在弹出的快捷菜单中单击"检查"命令。在弹出的页面左上角单击"鼠标"按钮，再在网页单击登录框这一区域，可以看到代码中定位到了登录框的位置，如图 11-1 所示。

图 11-1　定位到登录框的位置

步骤 02 查看各个输入框的代码。在用户名输入框中，name 属性的值为 log，这里的 log 将会是表单的 key 值，它的 value 则是我们要输入的用户名，如图 11-2 所示。

```
<label for="user_login">
    "用户名或电子邮件地址"
    <br>
    <input type="text" name="log" id="user_login" class="input" value size="20">
</label>
```

图 11-2　查看用户名输入框的代码

同理，在审查元素中单击密码框，可以找到密码的 key 值，即 name 属性的值 pwd，如图 11-3 所示。因此，pwd 将是之后登录表单的 key 值，它的 value 则是我们输入的密码。

```
▼<label for="user_pass">
    "密码"
    <br>
    <input type="password" name="pwd" id="user_pass" class="input" value size="20">
 </label>
```

图 11-3　查看密码输入框的代码

在页面中单击"记住我的登录信息"，可以找到对应的 key 值。如图 11-4 所示，key 值是 name 属性的值 rememberme，value 则是里面的 forever。

```
▼<label for="rememberme">
    <input name="rememberme" type="checkbox" id="rememberme" value="forever">
    " 记住我的登录信息"
 </label>
```

图 11-4　显示"记住我的登录信息"对应的 key 值

这个 POST 请求是不是像我们正常登录一样，提交"用户名""密码"和"记住我的登录信息"3 个参数就可以直接登录了呢？答案并没有想象中那么简单。在登录表单中，有些 key 值在浏览器中设置了 hidden 值，是不会显示出来的，这里我们可以在审查元素中找出来，如图 11-5 所示。

```
▼<p class="submit">
    <input type="submit" name="wp-submit" id="wp-submit" class="button button-primary bu
    <input type="hidden" name="redirect_to" value="http://www.santostang.com/wp-admin/">
    <input type="hidden" name="testcookie" value="1">
 </p>
```

图 11-5　查找隐藏值

可以发现，有两个参数在隐藏标签（type="hidden"）中。第一个是 redirect_to，它的 value 是 http://www.santostang.com/wp-admin/；另一个是 testcookie，它的 value 是 1。

因此，这里可以构建 POST 请求的参数字典 dict，代码如下：

```
postdata = {
    'pwd': 'a12345',
    'log': 'test',
    'rememberme' : 'forever',
    'redirect_to': 'http://www.santostang.com/wp-admin/',
    'testcookie' : 1,
}
```

接下来就可以提交 POST 请求来登录网站了。
首先需要导入 requests 库，创建一个 session 对象：

```
import requests
session = requests.session()
```

session 是网站开发中一个非常重要的概念。通俗来说，就是用户在浏览某个网站时，从进入网站到关闭浏览器所经过的这段过程。session 对象会存储特定用户会话所需的属性和配置信息，这对我们后面在其中保存和操作 cookies 非常有意义。

下面提交 post 请求，代码如下：

```python
import requests
session = requests.session()

post_url = 'http://www.santostang.com/wp-login.php'
agent = 'Mozilla/5.0 (Macintosh; Intel Mac OS X 10_12_3) AppleWebKit/537.36 (KHTML, like Gecko) Chrome/56.0.2924.87 Safari/537.36'
headers = {
    "Host": "www.santostang.com",
    "Origin":"http://www.santostang.com",
    "Referer":"http://www.santostang.com/wp-login.php",
    'User-Agent': agent
}
postdata = {
    'pwd': 'a12345',
    'log': 'test',
    'rememberme' : 'forever',
    'redirect_to': 'http://www.santostang.com/wp-admin/',
    'testcookie' : 1,
}

login_page = session.post(post_url, data=postdata, headers=headers)
print(login_page.status_code)
```

在上述代码中，先建立了各个参数，包括 post、postdata 和 headers，然后使用 login_page = session.post(post_url, data=postdata, headers=headers)的 session.post 方法，参数的 url 是 post_url，data 用的是 postdata 字典，发送 POST 请求。

运行上述代码，如果最后输出的结果为 200，就代表响应的状态为请求成功，可以成功登录表单。若为其他代码，则表示其他信息，例如：

303——重定向
400——请求错误
401——未授权
403——禁止访问
404——文件未找到

500——服务器错误

11.1.2 处理 cookies，让网页记住你的登录

在上述登录表单中，我们非常容易地登录成功了。这也意味着每次重新运行代码都要登录一次，之后才能在 session 中爬取数据。

有没有一种方法能够把登录状态记录下来，再次运行代码的时候可以直接获取之前的登录状态，从而不用重新登录呢？

这样的方法确实有，使用 cookie 即可。当用户浏览以前访问过的网站时，即使没有登录过该网站，网页中也可能出现："你好，XXX，欢迎再次访问网站"。这会让用户感觉很亲切，就像见了老熟人一样。

为什么网站知道用户曾经浏览过呢？因为网站为了辨别用户身份，使用 session 跟踪并将数据存储在了用户本地终端上。当你重新访问该网站的时候，便会从 cookies 中找回之前浏览的信息。

因此，我们也可以利用 cookies 保存之前登录的信息，这样在下次访问网站的时候，调用 cookies 就会是已经登录的状态了。代码如下所示：

```python
import requests
import http.cookiejar as cookielib

session = requests.session()
session.cookies = cookielib.LWPCookieJar(filename='cookies')

post_url = 'http://www.santostang.com/wp-login.php'
agent = 'Mozilla/5.0 (Macintosh; Intel Mac OS X 10_12_3) AppleWebKit/537.36 (KHTML, like Gecko) Chrome/56.0.2924.87 Safari/537.36'
headers = {
    "Host": "www.santostang.com",
    "Origin":"http://www.santostang.com",
    "Referer":"http://www.santostang.com/wp-login.php",
    'User-Agent': agent
}
postdata = {
    'pwd': 'a12345',
    'log': 'test',
    'rememberme' : 'forever',
    'redirect_to': 'http://www.santostang.com/wp-admin/',
    'testcookie' : 1,
}
```

```
login_page = session.post(post_url, data=postdata,
headers=headers)
print(login_page.status_code)
session.cookies.save()
```

首先使用 import http.cookiejar as cookielib 导入 cookiejar 库，如果没有安装这个库，那么可以使用 pip 安装。在 cmd 中输入 pip install cookiejar，并按回车键安装。

然后说明 cookies 所在的位置，session.cookies = cookielib.LWPCookieJar (filename = 'cookies')。在完成整个获取之后，使用 session.cookies.save()保存此次登录的 cookies。

cookies 存储在代码所在的文件夹中。使用记事本打开该文件可以看到里面的数据，如图 11-6 所示。

图 11-6　cookies 文件

其中，cookies 数据是已经加密过的，每一个 cookie 大概会定义 4 个参数：

```
Set-Cookie: name = VALUE;
expires = DATE;
path = PATH;
domain = DOMAIN_NAME;
```

name 是 cookie 的名称，这里一般进行加密处理，所以上述截图中的 name 已经经过加密，看不懂是什么意思了；expires 是 cookie 的到期日期和时间；path 是指 cookie 的路径；domain 是指 cookie 所在的域名。

有了保存下来的 cookies 后，我们便可以通过加载 cookies 实现登录了。

首先，导入 cookiejar 库。

```
import requests
import http.cookiejar as cookielib
```

导入库之后，需要加载在计算机上保存的 cookie。

```
session = requests.session()
session.cookies = cookielib.LWPCookieJar(filename='cookies')
try:
    session.cookies.load(ignore_discard=True)
except:
    print("cookie 未能加载")
```

如果没有出现"cookie 未能加载"，就表示 cookies 已经加载成功了。这时，我们可以创建一个 isLogin()的函数，用来检测是否已经登录。这里为了检测是否登录成功，我们设置为登录完成后进入的页面 url，并且设置了禁止跳转 allow_redirects=False，这样就不会跳转到未登录页面。

```
def isLogin():
    url = "http://www.santostang.com/wp-admin/profile.php"
    login_code = session.get(url, headers=headers, allow_redirects=False).status_code
    if login_code == 200:
        return True
    else:
        return False
```

如果用户个人信息的页面能够成功返回 200，就表示已经成功登录了。这时可以调用这段代码：

```
if __name__ == '__main__':
    agent = 'Mozilla/5.0 (Macintosh; Intel Mac OS X 10_12_3) AppleWebKit/537.36 (KHTML, like Gecko) Chrome/56.0.2924.87 Safari/537.36'
    headers = {
        "Host": "www.santostang.com",
        "Origin":"http://www.santostang.com",
        "Referer":"http://www.santostang.com/wp-login.php",
        'User-Agent': agent
    }
    if isLogin():
        print('您已经登录')
```

如果出现"您已经登录",我们就可以在这个 session 下开始爬取数据了。

11.1.3 完整的登录代码

前面已经说明了如何登录表单和使用加载 cookie 的方法免账号、密码登录。如果想要一劳永逸,在没有 cookies 的时候输入账号、密码登录,在有 cookies 的时候加载 cookie 登录,就可以把这两部分内容结合起来,组合成如下代码:

```python
import requests
import http.cookiejar as cookielib

session = requests.session()
session.cookies = cookielib.LWPCookieJar(filename='cookies')
try:
    session.cookies.load(ignore_discard=True)
except:
    print("Cookie 未能加载")

def isLogin():
    # 通过查看用户个人信息来判断是否已经登录
    url = "http://www.santostang.com/wp-admin/profile.php"
    login_code = session.get(url, headers=headers,
allow_redirects=False).status_code
    if login_code == 200:
        return True
    else:
        return False

def login(secret, account):
    post_url = 'http://www.santostang.com/wp-login.php'
    postdata = {
        'pwd': secret,
        'log': account,
        'rememberme' : 'true',
        'redirect_to': 'http://www.santostang.com/wp-admin/',
        'testcookie' : 1,
    }
    try:
        # 不需要验证码直接登录成功
        login_page = session.post(post_url, data=postdata,
headers=headers)
        login_code = login_page.text
```

```
            print(login_page.status_code)
            #print(login_code)
        except:
            pass
        session.cookies.save()

if __name__ == '__main__':
    agent = 'Mozilla/5.0 (Macintosh; Intel Mac OS X 10_12_3) AppleWebKit/537.36 (KHTML, like Gecko) Chrome/56.0.2924.87 Safari/537.36'
    headers = {
        "Host": "www.santostang.com",
        "Origin":"http://www.santostang.com",
        "Referer":"http://www.santostang.com/wp-login.php",
        'User-Agent': agent
    }
    if isLogin():
        print('您已经登录')
    else:
        login('a12345', 'test')
```

首先创建一个 session，在 session 中尝试加载过去可能保存的 cookie，然后用 isLogin()访问该账户的个人信息页面，以判断是否已经登录。如果已经登录，就可以直接用这个 session 访问其他网页获取数据。

如果尚未登录，就调用 login()函数登录网页，并保存 cookie，使得下次可以方便调用。

11.2　验证码的处理

在平时使用用户名和密码登录网站的时候，不免要输入验证码，以第 9 章介绍的设置验证码的内容来看，12306 火车票订票网站设置复杂的验证码可以防止恶意订票程序的刷票行为。在网络爬虫程序处理表单的时候，我们也需要通过验证码的检测才能完成表单的上传。

验证码（CAPTCHA）是"Completely Automated Public Turing test to tell Computers and Humans Apart"（全自动区分计算机和人类的图灵测试）的缩写，是一种区分用户是计算机还是人的公共全自动程序，可以防止恶意破解密码、刷票、论坛灌水，以及黑客用特定程序暴力破解密码的方式进行不断的登录尝试。

验证码是由计算机生成的，用于评判一个问题，必须由人类才能解答，所以能够用验证码来区分人类和计算机。本节将以在笔者的博客注册账号为例来介绍网络爬虫中对验证码的处理。注册页面的网址是 http://www.santostang.com/wp-login.php?action=register，如图 11-7 所示。

图 11-7　注册页面

在网络爬虫中，处理验证码主要有两种方式：

（1）人工输入处理。
（2）OCR 识别处理。

11.2.1　如何使用验证码验证

打开网页后，可以用 Chrome 浏览器的"审查元素"功能找到 form 表单需要的 input，如图 11-8 所示。

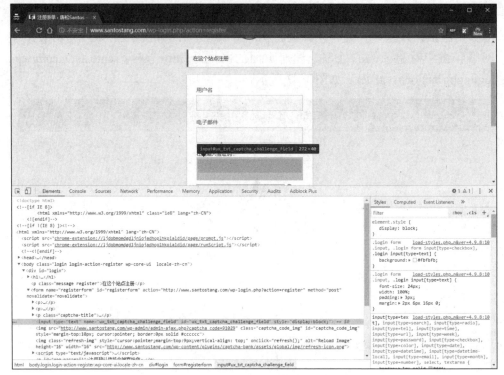

图 11-8　找到 form 表单需要的 input

按照前面提到的方法找到该表单中所有的 input。为了不落下任何一个 input，可以使用 Ctrl +F 快捷键的查找功能。如图 11-9 所示，输入<input 找到了 5 个需要输入的参数。

图 11-9　输入<input>

这 5 个 input 参数分别是：

（1）用户名，key 值为 user_login，如图 11-10 所示。

```
▼<label for="user_login">
    "用户名"
    <br>
    <input type="text" name="user_login" id="user_login" class="input" value size="20">
  </label>
```

图 11-10　用户名的键值

（2）电子邮件，key 值为 user_email，如图 11-11 所示。

第 11 章 登录与验证码处理

```
<label for="user_email">
    "电子邮件"
    <br>
    <input type="email" name="user_email" id="user_email" class="input" value size="25">
</label>
```

图 11-11　电子邮件的键值

（3）验证码，key 值为 ux_txt_captcha_challenge_field，如图 11-12 所示。

```
<input type="text" name="ux_txt_captcha_challenge_field" id="ux_txt_captcha_challenge_field"
```

图 11-12　验证码（数字形式）的键值

（4）隐藏，key 值为 redirect_to，value 值为空，如图 11-13 所示。

```
<input type="hidden" name="redirect_to" value>
```

图 11-13　隐藏的键值

（5）提交，key 值为 wp-submit，但是我们不需要提交，如图 11-14 所示。

```
<p class="submit">
    <input type="submit" name="wp-submit" id="wp-submit" class="button button-primary button-large" value="注册">
</p>
```

图 11-14　提交的键值

除了这几个 input 参数，我们还需要获取验证码图片的位置，id 为 captcha_code_img，后续需要将图片中的字母填入。如图 11-15 所示。

图 11-15　验证码图片

11.2.2　人工方法处理验证码

人工方法处理就是在爬虫程序运行的时候弹出一个验证码输入框，我们需要手动输入验证码。这需要我们守在计算机面前，才能保证输入验证码的准确性。下面介绍使用人工方法处理验证码的步骤。

步骤 01 输入相应的匹配码。我们定义了 get_captcha ()函数，它会使用 GET 方法获取那张 si_code 的验证码图片，并存储至源代码所在的地址。在这之后，如果安装了 Pillow 库，就会使用 open()将验证码图片打开；如果没有安装 Pillow 库，就需要手动找到并打开这张图片，之后输入图片中的验证码。

Pillow 可以使用 pip 安装：pip install pillow。

```
def get_captcha():
    #获取验证码图片所在的url
    r = session.get('http://www.santostang.com/wp-login.php?action=register', headers=headers)
    soup = BeautifulSoup(r.text, "lxml")
    captcha_url = soup.find("img", id="captcha_code_img")["src"]
    # 获取验证码图片
    r = session.get(captcha_url, headers=headers)
    with open('captcha.jpg', 'wb') as f:
        f.write(r.content)
        f.close()
    try:
        im = Image.open('captcha.jpg')
        im.show()
        im.close()
    except:
        print(u'请到 %s 目录找到captcha.jpg 手动输入' % os.path.abspath('captcha.jpg'))
    captcha = input("please input the captcha\n>")
    return captcha
```

步骤 02 准备注册上交的表单。使用 register 函数将表单中的数据准备好，加上验证码一起，提交 POST 请求，并进行注册。若输出打印结果为 200，则表示注册成功。

```
def register(account, email):
    post_url = 'http://www.santostang.com/wp-login.php?action=register'
    postdata = {
        'user_login': account,
        'user_email': email,
```

```
            'redirect_to': '',
        }
        # 调用 get_captcha 函数，获取验证码数字
        postdata["ux_txt_captcha_challenge_field"] = get_captcha()
        # 提交 POST 请求，进行注册
        register_page = session.post(post_url, data=postdata,
headers=headers)
        # 若输出打印结果为 200，则表示注册成功
        print(register_page.status_code)
```

步骤 03 输入用户和邮箱，调用前面 3 个步骤写好的函数来执行程序。

```
import requests
from bs4 import BeautifulSoup
import re
import os
from PIL import Image
if __name__ == '__main__':
    agent = 'Mozilla/5.0 (Macintosh; Intel Mac OS X 10_12_3) AppleWebKit/537.36 (KHTML, like Gecko) Chrome/56.0.2924.87 Safari/537.36'
    headers = {
        "Host": "www.santostang.com",
        "Origin":"http://www.santostang.com",
        "Referer":"http://www.santostang.com/wp-login.php",
        'User-Agent': agent
    }
    session = requests.session()
    # 调用注册函数进行注册
    account = '18341432113' #改成自己用户名
    email = 'a12345@qq.com' # 改成自己邮箱
    register(account, email)
```

在程序运行的时候需要手动输入验证码。如果安装了 Pillow，就会直接打开验证码图片，如图 11-16 所示（每次验证码都会不一样）。

图 11-16 验证码

这时在输入框中输入 WD6N，按回车键之后，如果出现 200，就表示注册成功。

```
please input the captcha
>WD6N
```

这样的人工方法处理虽然没有达到 100% 的完全自动化，但是能够保证每次验证码输入的正确性，是一种比较方便、快捷的方式。

11.2.3　OCR 处理验证码

前面介绍了人工识别图片的方法，本小节将介绍使用图像识别技术输入验证码的方法。这种方法称为 OCR（Optical Character Recognition，光学字符识别），也就是使用字符识别方法将形状翻译成计算机文字的过程。为了使用 Python 将图像识别为字母和数字，我们需要用到 Tesseract 库，它是 Google 支持的开源 ocr 项目。

Tesseract 的安装需要分成三步。

步骤 01　安装 Tesseract-ocr。在 Windows 系统下，官方提供 4.0.0 版本，下载地址为 https://github.com/UB-Mannheim/tesseract/wiki，可以下载 exe 程序安装。在 Linux 系统下，可以使用 apt install tesseract-ocr 安装 Tesseract-ocr。

步骤 02　将 Tesseract-ocr 加入环境变量。复制安装路径，默认为 C:\Program Files (x86)\Tesseract-OCR，添加到环境变量 Path 中。具体请右击此电脑 > 单击高级系统设置 > 环境变量 > Path。如图 11-17 所示

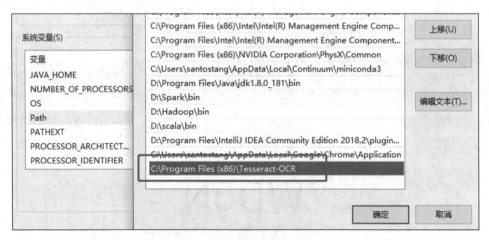

图 11-17　添加环境变量

步骤 03　使用 pip 安装 Tesseract：pip install pytesseract。

这时，需要检查 Tesseract 是否安装成功。打开 cmd，输入 tesseract。如果出现如图 11-18 所示的画面，则安装成功。

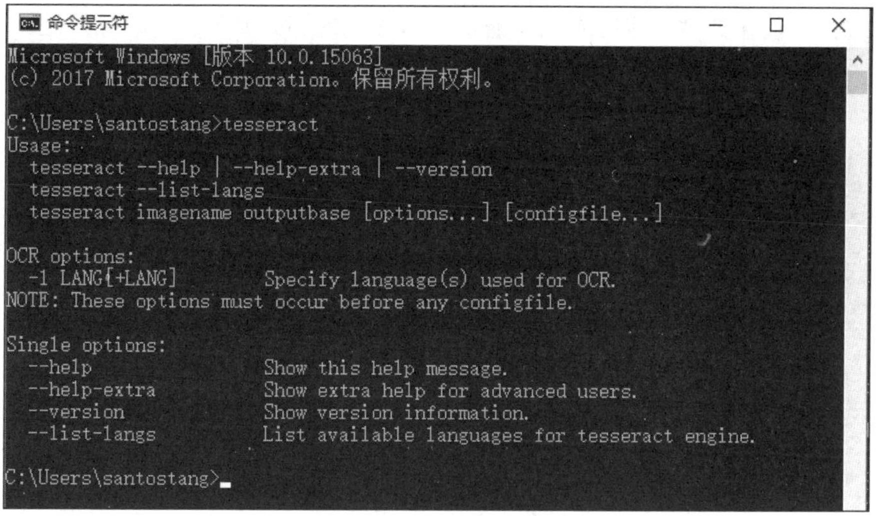

第 11 章　登录与验证码处理

图 11-18　添加环境变量

假设刚刚获取的验证码图片如图 11-19 所示，接下来需要识别出其中的数字和字母。

图 11-19　验证码图片

使用 pillow 和 pytesseract 识别图片中数字和字母的步骤如下：

> 步骤 01　把彩色图像转化为灰度图像。通过灰度处理可以把色彩空间由 RGB 转化为 HIS。

```
from PIL import Image
im = Image.open('captcha.jpg')
gray = im.convert('L')
gray.show()
gray.save("captcha_gray.jpg")
```

得到的结果如图 11-20 所示。

图 11-20　彩色图像转化为灰度图像

步骤 02　二值化处理。可以看到，验证码中文本的部分颜色都比较深，因此可以把大于某个临界灰度值的像素灰度设为灰度极大值，把小于这个值的像素灰度设为灰度极小值，从而实现二值化（一般设置为 0~1）。

```
threshold = 150
table = []
for i in range(256):
    if i < threshold:
        table.append(0)
    else:
        table.append(1)
out = gray.point(table, '1')
out.show()
out.save("captcha_thresholded.jpg")
```

上述两步都是为图片降噪，也就是把不需要的信息全部去掉，比如背景、干扰线、干扰像素等，只剩下需要识别的文字。得到的结果如图 11-21 所示。

图 11-21　图片降噪

步骤 03　使用 Tesseract 进行图片识别。

```
import pytesseract
th = Image.open('captcha_thresholded.jpg')
print(pytesseract.image_to_string(th))
```

我们可以看到结果是 WD6N。

使用 OCR 技术正确识别出了结果。但是也不能高兴得太早，因为这个验证码比较简单，在使用 OCR 技术验证其他验证码的时候效果不一定好，比如图 11-22 所示的验证码。

图 11-22　OCR 技术验证

使用 OCR 技术识别的结果是 552,9，这个结果并不是真正的验证码结果，真正的结果是 5S2A。OCR 将第二个字母 S 识别成了 5，另外，由于一条曲线的存在扰乱了后面的识别，字母 A 被识别成了,9。

这样是不是说 OCR 方法就没有用了呢？在需要验证的验证码比较简单、文字和背景比较容易区分、没有扰乱的曲线或字符之间分割得比较好时，Tesseract 的解析效果还是非常好的。例如，图 11-23 所示的验证码，Tesseract 基本能够正确识别。如果你对深度学习感兴趣的话，还可以使用 TensorFlow 自己进行训练一个识别验证码的工具，效果非常好。

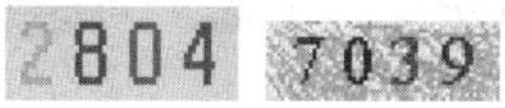

图 11-23　简单的验证码

11.3　总结

本章介绍了如何使用 Python 程序登录表单、如何使用程序识别验证码。其实，大部分网站不欢迎使用程序进行登录，因为需要登录才能查看的数据不属于公开数据。因此，本章的程序仅供读者练习，请不要使用此程序获取非公开数据或批量注册，若出现了问题，请自负责任。

第 12 章

◀ 服务器采集 ▶

前面介绍的都是本机上的网络爬虫,包括如何获取网页、如何解析网页上的数据以及将数据存储在文件或数据库中。除此之外,还介绍了在遇到爬虫问题的时候的各种解决方法。

本章将介绍一种方法,能够解放你的计算机,让爬虫程序运行在"云"上,也能够让你随意改变自己的 IP 地址,进而走出爬虫被封 IP 的困境。

12.1 为什么使用服务器采集

经过前几章的学习，大家可能已经习惯在本机的 Jupyter 上写爬虫程序了。如果是小规模的爬虫或测试爬虫程序，这也许已经绰绰有余。但当编写大规模的爬虫程序时，在服务器上部署爬虫就不可避免了。使用服务器采集有两大原因：

（1）大规模爬虫的需要。
（2）防止 IP 地址被封杀。

12.1.1 大规模爬虫的需要

你知道世界上最大的网络爬虫是什么吗？答案是搜索引擎。

根据谷歌官方网站的统计数字，谷歌搜索引擎已经收录了超过 130 万亿个网页，而且还在持续而迅速地增长中，这占用了超过 100PB（等于 100 000TB）的存储。

本书中的爬虫程序在谷歌搜索引擎面前就像是地球上的一只小蚂蚁。也许我们的爬虫永远不会有谷歌的体量，但当有一天需要爬取的不再是测试数据，而是要从多个网站收集数据的时候，就需要大规模的爬虫。

当我们需要爬取大量数据的时候，爬虫程序可能需要运行几天几夜。如果程序还运行在个人计算机上时，一方面会影响你正常使用计算机，如玩游戏、浏览网页等；另一方面计算机要一直处于开机状态，一旦关机，爬虫就会停止运行。使用服务器可以解放你的个人计算机，而且买一个服务器并不贵，通常只需几美元一个月。

另外，当我们爬取大量数据的时候，一台计算机的计算能力可能不够。就像搬运粮食，一个人搬可能需要十天半个月，但是如果召集 100 多个人一起搬，可能需要不到一天的时间。所以，这时候需要用到分布式爬虫，调集多台机器完成一个爬虫任务，并且可以把所有的数据都存储在一个数据库中。

分布式爬虫是比较复杂的系统，如果读者对分布式爬虫感兴趣，可以搜索 Celery 和 Redis 部署分布式爬虫相关的内容。

12.1.2 防止 IP 地址被封杀

前面已经介绍过如何让爬虫程序模仿人类正常的访问，即调整间隔时间和

header。但是爬虫程序的目的是大量获取网站上的数据，免不了非正常地多次访问某个网站。这时网站可以通过多次访问进而封杀 IP，如果爬虫只是在单机上运行，一旦被封杀了 IP，爬虫就会变得举步维艰。

当然，在个人计算机上运行爬虫也有应对的方法，可以维护一个代理 IP 池。但是网上的免费代理大多失效很快，而且运行缓慢，就算是收费的代理 IP 也十分不稳定，这样的代理池维护起来十分不讨巧。

使用动态 IP 拨号服务器的 ADSL 拨号方法和 Tor 进行代理访问的方法可以成功修改访问网站的 IP，效果非常好。下面进行详细介绍。

12.2 使用动态 IP 拨号服务器

动态 IP 拨号服务器正如其名，IP 地址是可以动态修改的。动态 IP 拨号服务器并不是什么高大上的服务器，相反，属于配置非常低的一种。我们看中的不是它的计算能力，而是能够实现秒换 IP 地址。

拨号上网有一个独特的特点，就是每次拨号都会换一个新的 IP 地址。家庭中的上网方式多数都用的是 ADSL 拨号上网，也就是断开网络后再拨号一次，外网 IP 就会换成另一个。

一般来说，这个 IP 池很大，可能有多个 AB 段，IP 数量基本上用不完。对于爬虫来说，这简直是大杀器，能够轻松解决封杀 IP 的限制。

12.2.1 购买拨号服务器

购买动态 IP 拨号服务器可以在网页上搜索"ADSL 服务器"或"动态 IP 服务器"，在搜索结果中可以看到很多供应商，选择一个包月的 ADSL 拨号服务器即可。有些供应商还提供 1 元钱测试 24 小时的服务。

这里选择 Windows XP 系统的动态 IP 拨号服务器作为我们爬虫的服务器。

12.2.2 登录服务器

购买动态 IP 拨号服务器之后会获得服务器地址、用户名和密码，还会获得拨号上网的用户名和密码，例如：

服务器地址：117.18.69.122

服务器用户名：administrator

服务器密码：pwd
拨号上网用户名：07551234567
拨号上网密码：12345

接下来讲解动态 IP 拨号和登录服务器的步骤。

步骤 01 在"开始"菜单中搜索 mstsc，找到一个 mstsc.exe 文件，单击并打开，如图 12-1 所示。

图 12-1　搜索 mstsc

步骤 02 在弹出的"远程桌面连接"对话框中填写登录的服务器 IP 地址。如果有端口，就把端口号写上，如图 12-2 所示。

图 12-2　"远程桌面连接"对话框

步骤 03 在弹出的"登录到 Windows"对话框中输入用户名和密码登录，如图 12-3 所示。

图 12-3 "登录到 Windows"对话框

12.2.3 使用 Python 更换 IP

进入服务器后,打开宽带连接界面,发现计算机已经连网,如图 12-4 所示。如果需要换一次 IP,就要断开后重新连接宽带。

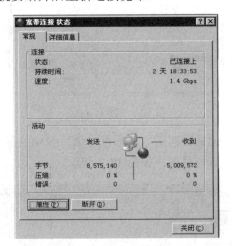

图 12-4 已连接上网

这里可以使用 Python 控制 OS,从而实现断开宽带连接、重新连接宽带的功能。实现代码如下:

```
import os
g adsl account = {"name": "adsl",
            "username": "...",
            "password": "..."}

class Adsl(object):
    #   init  : name: adsl 名称
    def   init (self):
        self.name = g adsl account["name"]
        self.username = g adsl account["username"]
        self.password = g_adsl_account["password"]
```

```
        # connect : 宽带拨号
        def connect(self):
            cmd_str = "rasdial %s %s %s" % (self.name, self.username, self.password)
            os.system(cmd_str)
            time.sleep(5)

        # disconnect : 断开宽带连接
        def disconnect(self):
            cmd_str = "rasdial %s /disconnect" % self.name
            os.system(cmd_str)
            time.sleep(5)

        # reconnect : 重新进行拨号
        def reconnect(self):
            self.disconnect()
            self.connect()

if __name__ == '__main__':
    A = Adsl()
    A.reconnect()
```

首先定义 g_adsl_account 变量。注意里面的 name 属性，如果是简体中文系统，值应该为"宽带连接"；如果是英文系统，值应该是 adsl。另外，两个属性 username 和 password 应该填拨号上网的用户名和密码。

接下来需要定义一个 object 为 Adsl()，并且使用其中的函数 reconnect()。reconnect()首先会使用 disconnect()切断宽带连接，然后使用 connect()重新建立宽带连接，这样 IP 应该可以更换成功。

我们可以把上述代码保存在 changeIP.py 中，方便以后调用。

12.2.4 结合爬虫和更换 IP 功能

我们可以将爬虫和更换 IP 功能结合起来，也就是说当爬虫结果返回错误的时候，可以更换一个 IP，然后使用一个递归函数进行爬取，代码如下：

```
import requests
import time
import random
import changeIP

link = "http://www.santostang.com/"
headers = {'User-Agent' : 'Mozilla/5.0 (Windows; U; Windows NT 6.1; en-US; rv:1.9.1.6) Gecko/20091201 Firefox/3.5.6'}

def scrapy(url, num_try = 3):
    try:
        r = requests.get(url, headers= headers)
        html = r.text
        time.sleep(random.randint(0,2)+random.random())
```

```
        except Exception as e:
            print (e)
            html = None
            if num try >0:
                x = changeIP.adsl()
                x.reconnect()
                html = scrapy(url, num try-1)
        return html
result = scrapy(link)
```

将上面的爬虫程序和 changeIP.py 放在同一个文件夹中，才能使用 import changeIP 将更换 IP 的 class 导入。

这里定义了一个负责爬虫的函数 scrapy()，最大的尝试次数为 3。如果爬虫过程报错，并且尝试次数大于 0，就会调用 changeIP 重新拨号上网，达到更换 IP 的目的。更换 IP 之后，再使用递归函数执行一次 scrapy()函数，就能把结果爬取下来了。

12.3 使用 Tor 代理服务器

Tor（The Onion Router，"洋葱路由"）是互联网上用于保护隐私最有力的工具之一。如果我们不使用 Tor，网络请求就会直接发送给目标服务器。

相比之下，如果使用 Tor 发送网络请求，客户端就会选择一条随机的路径到目标服务器。这条随机的路径中间会经过多个 Tor 的节点，而且使用"洋葱路由"加密技术，使得任何节点都不能偷取通信数据，并且该请求的传送路径难以追踪，也查不出起点在哪儿，如图 12-5 所示。

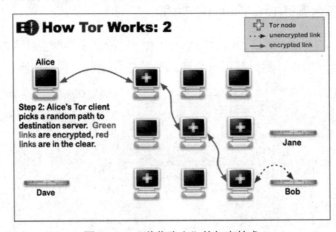

图 12-5 "洋葱路由"的加密技术

这就好像将一份快递从深圳寄到北京：一般为了快捷方便，快递公司可能直接将快递发往北京；Tor 网络为了让北京的接收者不知道是从何处寄过来的，将快递随机发往一些节点（如深圳-南昌-武汉-济南-石家庄-北京），整个路径都会通过"洋葱路由"技术加密。每一个站点的入站和出站通信都可以被查到，但是想要知道真正的起点和终点，几乎是不可能的。

因此，我们可以利用 Tor 技术改变请求的 IP 地址，作为一种终极的防止 IP 封锁的爬虫方案。

12.3.1 Tor 的安装

对于不同的操作系统，Tor 的安装方法有所不同。相对于 Mac OS 或 Linux 来说，在 Windows 下使用 Tor 比较复杂。下面将会介绍在 Windows 系统下 Tor 的安装步骤。对于 Mac OS 或 Linux 系统的安装，可以参照 https://www.torproject.org/docs/debian.html.en。

Tor 的安装方式分成 Expert Bundle 和 Tor Browser（Tor 浏览器），Expert Bundle 是非图形化界面的使用 Tor，Tor 浏览器是一个可以隐藏自己 IP 使用的浏览器。在 Windows 系统下，我们最好选择 Tor 浏览器，有了程序化的安装界面，其安装过程也会更加简单快捷。

步骤 01 下载 Tor 浏览器。进入 Tor 官方网站下载 Tor 浏览器，地址为 https://www.torproject.org/projects/torbrowser.html.en，如图 12-6 所示。

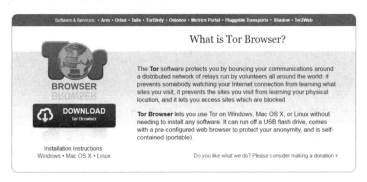

图 12-6 下载 Tor 浏览器

步骤 02 安装和设置 Tor 浏览器。下载完成后，直接打开安装文件，单击 Install，安装在相应文件夹中即可，如图 12-7 所示。

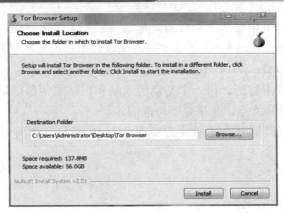

图 12-7　选择文件夹

安装完成后，单击 Finish 开启 Tor 浏览器的设置。如果你在中国内地，无法直接单击 Connect 连接 Tor，那么可以单击 Configure 进行设置，如图 12-8 所示。在下一个对话框中，选中 Tor 是否审查，然后选择 Select a built-in bridge（选择已提供的桥），如果你在中国内地，那么需要使用中间的桥才能连接 Tor 的服务，然后在下拉列表框中选择"meek-zure (works in China)"，单击 Connect 按钮，如图 12-9 所示。

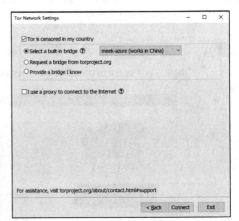

图 12-8　设置 Tor 浏览器　　　　　　图 12-9　ISP 是否审查连接至 Tor

这时会出现一个连接对话框，如图 12-10 所示。顺利完成之后就会打开 Tor 浏览器，如图 12-11 所示。

图 12-10　连接对话框

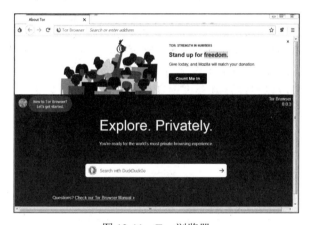

图 12-11　Tor 浏览器

12.3.2　Tor 的使用

Tor 可以改变我们请求的 IP 地址。下面先介绍在 Python 中如何使用 Tor，然后介绍如何使用 Tor 多次改变请求的 IP 地址。由于 Tor 采用的是 Sock 请求，因此需要安装 PySocks 库，可以使用 pip 进行安装：

```
pip install pysocks
```

安装完成后，可以用下面的代码完成利用 Tor 改变请求的 IP 地址。

```
import socket
```

```
import socks
import requests

# Tor 使用9150端口为默认的 socks 端口
socks.set_default_proxy(socks.SOCKS5, "127.0.0.1", 9150)
socket.socket = socks.socksocket
# 获取这次抓取使用的 IP 地址
a = requests.get("http://checkip.amazonaws.com").text

print (a)
```

在上述代码中，Tor 的默认端口为 9150，我们使用 socks 请求端口 9150 发出每次请求，如图 12-12 所示。默认端口可以在 Tor 浏览器的安装地址找到，假设把 Tor 浏览器安装在 C:\Program Files\Tor Browser，默认端口就在 C:\Program Files\Tor Browser\Browser\TorBrowser\Data\Tor\torrc-defaults 文件中。

图 12-12　使用 9150 端口发出请求

通过请求 http://checkip.amazonaws.com 获取这次抓取使用的 IP 地址，这次的输出结果是：85.248.227.164（你的输出结果应该和这个不一样，因为 Tor 的路径是随机的）。我们可以通过百度查询该 IP 所在的地址，发现与本机的 IP 地址不一样，如图 12-13 所示。

图 12-13　抓取使用的 IP 地址

虽然目标服务器已经不知道我们真正的 IP 地址，但是如果继续请求该目标服务器，目标服务器获取的请求就会来自同一个伪装 IP，导致伪装的 IP 被封杀。因此，如果能够改变伪装的 IP，就完全不用担心爬虫被封杀 IP 的问题了。

要更新 IP，可以通过 ControlPort 连接 Tor 的服务，然后发出一个 NEWNYM 的信号。安装 tor 浏览器的时候已经默认 ControlPort 的端口是 9151，如图 11-14 所示。这里可以使用 Python 的 stem 库完成上述要求。

首先，使用 pip 安装 stem：

```
pip install stem
```

安装完成后，可以使用下面的代码实现抓取和更换 IP。注意此处代码无法在

jupyter notebook 运行，需要在其他编辑器（例如 Pycharm）运行。

```
from stem import Signal
from stem.control import Controller
import socket
import socks
import requests
import time

controller = Controller.from_port(port = 9151)
controller.authenticate()
socks.set_default_proxy(socks.SOCKS5, "127.0.0.1", 9150)
socket.socket = socks.socksocket

total_scrappy_time = 0
total_changeIP_time = 0
for x in range(0,10):
 a = requests.get("http://checkip.amazonaws.com").text
 print ("第", x+1, "次 IP: ", a)

 time1 = time.time()
 a = requests.get("http://www.santostang.com/").text
 #print (a)
 time2 = time.time()
 total_scrappy_time = total_scrappy_time + time2-time1
 print ("第", x+1, "次抓取花费时间: ", time2-time1)

 time3 = time.time()
 controller.signal(Signal.NEWNYM)
 time.sleep(5)
 time4 = time.time()
 total_changeIP_time = total_changeIP_time + time4-time3-5
 print ("第", x+1, "次更换 IP 花费时间: ", time4-time3-5)

print ("平均抓取花费时间: ", total_scrappy_time/10)
print ("平均更换 IP 花费时间: ", total_changeIP_time/10)
```

这里用到了 stem 中的 controller 模块，通过 Controller.from_port(port = 9151) 使用 ControlPort 的 9151 端口，并使用 controller.authenticate()进行验证，由于在默认状态下不需要密码，因此括号中留空就可以了。需要更新 IP 时，可以使用 controller.signal(Signal.NEWNYM)。最后输出的结果是：

第 1 次 IP：141.170.2.53

第 1 次抓取花费时间：4.294245481491089
第 1 次更换 IP 花费时间：0.0012862682342529297
第 2 次 IP：5.148.165.13
第 2 次抓取花费时间：4.186239242553711
第 2 次更换 IP 花费时间：0.0032863616943359375
第 3 次 IP：46.105.100.149
第 3 次抓取花费时间：4.88327956199646
第 3 次更换 IP 花费时间：0.004286050796508789
……
第 10 次 IP：178.18.83.215
第 10 次抓取花费时间：4.512258291244507
第 10 次更换 IP 花费时间：0.0012862682342529297
平均抓取花费时间：4.693568444252014
平均更换 IP 花费时间：0.004586362838745117

这里进行了 10 次循环，可以大概估算一下使用 Tor 的效率。每进行一次循环，抓取使用的 IP 就会更换一次。另外，抓取花费的时间和更换 IP 花费的时间都比较稳定，平均抓取博客主页花费的时间为 4.7 秒，更换 IP 的速度可以忽略不计，这里已经减去了休息的 5 秒。

如果不使用 Tor，要正常抓取博客主页 10 次，和 Tor 的速度相比怎么样呢？

```
import requests
import time

total_scrappy_time = 0

for x in range(0,10):
    time1 = time.time()
    a = requests.get("http://www.santostang.com/").text
    time2 = time.time()
    total_scrappy_time = total_scrappy_time + time2-time1
    print ("第", x+1, "次抓取花费时间：", time2-time1)

print ("平均抓取花费时间：", total_scrappy_time/10)
```

下面是未使用 Tor 进行抓取的结果：

第 1 次抓取花费时间：2.0871193408966064
第 2 次抓取花费时间：3.737213611602783
第 3 次抓取花费时间：2.1731245517730713

第 4 次抓取花费时间：0.7140407562255859
第 5 次抓取花费时间：0.7370424270629883
第 6 次抓取花费时间：0.6420366764068604
第 7 次抓取花费时间：0.9130520820617676
第 8 次抓取花费时间：0.6390366554260254
第 9 次抓取花费时间：7.861449718475342
第 10 次抓取花费时间：0.6170353889465332
平均抓取花费时间：2.0121151208877563

如果不使用 Tor，平均抓取时间就会少了一半多，只有 2.01 秒。看来 Tor 经过多个节点再到目标服务器还是花了不少时间，可能会降低抓取效率。但是它也有不容忽视的优点：

（1）完全免费。
（2）更换 IP 过程速度快，相比代理池更稳定。

第 13 章

◀ 分布式爬虫 ▶

通过第 1 章到第 7 章的学习，应该已经能够请求 URL 获取网页数据，并通过解析网页存储数据了，说明已经掌握了使用爬虫的入门基础技术获取数据，但是这样单线程的爬虫效率低，会将大量时间浪费在等待中。

通过第 8 章到第 12 章的学习，应该能够使用多线程、多进程或多协程成倍提升爬虫的效率，甚至通过将爬虫部署在服务器上将自己的个人计算机解放出来，说明已经能够提供一个较为成熟的爬虫方案了。

但是，即使能够将爬虫部署在不同服务器上，在不同服务器上使用多线程爬虫提升效率，仍然存在两个问题：

（1）服务器之间没有通信，每个服务器的待爬网页还是需要手动分配。

（2）存储数据还是在各个服务器上，并没有集中存储到某一个服务器或数据库中。

本章介绍的分布式爬虫能够很好地解决这个问题。通过使用分布式爬虫，一方面能极大地提高爬虫的效率；另一方面，不同服务器之间的统一管理能够实现从不同服务器爬虫的队列管理到数据存储的优化。

13.1 安装 Redis

Redis 是一个基于内存的 Key-Value 数据库，支持的数据类型有 string、lists、sets、zsets。这些数据类型都支持 push/pop、add/remove 以及取交集、并集、差集等操作，对这些操作都是原子性的。因此，使用 Redis 可以很轻松地实现高并发的数据访问。

在分布式中，Redis 的队列性特别好用，被用来作为分布式的基石。我们即将实践的内容是在多台机器上安装 Redis，然后让一台作为服务器，其他机器开启客户端共享队列。

首先，需要在 Windows 上安装 Redis，安装过程并复杂，操作步骤如下：

步骤 01　进入 Redis for Windows 下载页面（https://github.com/MSOpenTech/redis/releases）下载最新版 Redis，记住是 ZIP 文件，如图 13-1 所示。

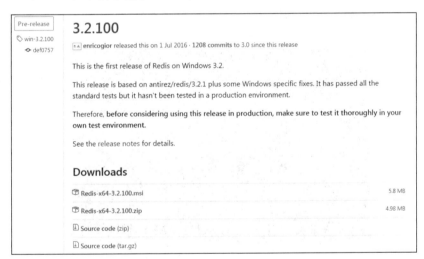

图 13-1　下载最新版 Redis

步骤 02　将 ZIP 文件解压并放在某文件夹中，如 D:\redis。然后打开 cmd，把目录指向解压的 Redis 目录。输入 redis-server redis.windows.conf，出现如图 13-2 所示的效果表示启动成功了。

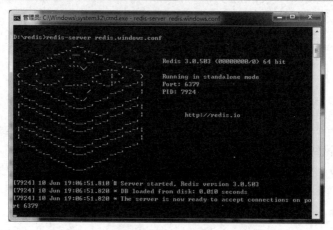

图 13-2　Redis 启动成功

步骤 03　将 Redis 以 Windows Service 的方式启动。虽然上一个步骤启动了 Redis，但是只要关闭 cmd 窗口，Redis 就会消失。所以要把 Redis 设置成 Windows 下的服务。关闭刚刚的 cmd 窗口，再打开一个新的 cmd 窗口，进入 Redis 目录，输入 redis-server --service-install redis.windows-service.conf --loglevel verbose，如图 13-3 所示。

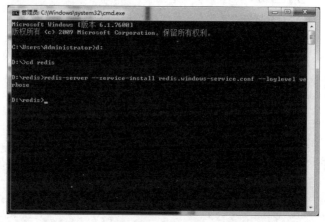

图 13-3　以 Windows Service 的方式启动 Redis

输入命令之后没有报错，表示成功安装。打开 Windows 中的"服务"窗口，可以看到 Redis 服务，如图 13-4 所示。

第 13 章 分布式爬虫

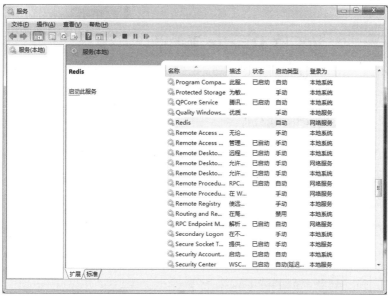

图 13-4 "服务"窗口

步骤 04 启动 Redis 服务。在刚刚的 cmd 窗口中键入 redis-server --service-start，表示启动服务。如果出现 Redis service successfully started 的提示，就表示服务成功启动，如图 13-5 所示。

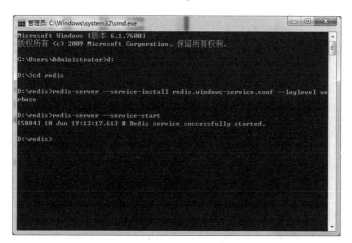

图 13-5 启动 Redis 服务

我们还可以使用命令 redis-server --service-stop 停止服务。如果想卸载 Redis 服务，可以输入命令 redis-server --service-uninstall。

221

13.2 修改 Redis 配置

13.2.1 修改 Redis 密码

在默认情况下，访问 Redis 服务器是不需要密码的，为了增加安全性，我们需要设置 Redis 服务器的访问密码。这里设置访问密码为 redisredis。

可以直接打开 Redis 文件夹中的 redis.windows-service.conf，在其中取消注释 requirepass，将该变量的值设置为 redisredis，如图 13-6 所示。

```
# Warning: since Redis is pretty fast an outside user can try up to
# 150k passwords per second against a good box. This means that you should
# use a very strong password otherwise it will be very easy to break.
#
requirepass redisredis
```

图 13-6　设置变量的值

13.2.2 让 Redis 服务器被远程访问

在默认情况下，Redis 服务器不允许远程访问，只允许本机访问，所以需要设置打开远程访问的功能，如图 13-7 所示。仍然是在 Redis 文件夹的 redis.windows-service.conf 中注释 bind 变量。

```
# interfaces using the "bind" configuration directive, followed by one or
# more IP addresses.
#
# Examples:
#
# bind 192.168.1.100 10.0.0.1
# bind 127.0.0.1
```

图 13-7　注释 bind 变量

修改完成后，可以尝试使用本机的 IP 地址加上密码访问 Redis 服务器。本机 IP 地址可以通过 cmd 中的 ipconfig 命令获取。在 cmd 中键入：redis-cli -a redisredis -h 你的 ip 地址 -p 6379。如果能够正常访问 Redis 服务器，就代表 Redis 远程访问成功，如图 13-8 所示。

```
D:\redis>redis-cli -a redisredis -h 137.189.204.65 -p 6379
137.189.204.65:6379> get *
(nil)
137.189.204.65:6379> get key1
"lala"
137.189.204.65:6379>
```

图 13-8　远程访问成功

除了本机之外，还需要在其他服务器上安装配置好 Redis。

13.2.3　使用 Redis Desktop Manager 管理

类似于 MongoDB 的 Robomongo，如果想可视化地管理 Redis 数据库，可以进入网站 https://redisdesktop.com/download 下载 Redis Desktop Manager。安装和配置过程非常简单，直接下载 exe 程序，可以像普通软件一样安装，这里就不再详细描述，界面如图 13-9 所示。

图 13-9　Redis Desktop Manager 界面

13.3　Redis 分布式爬虫实践

一般而言，分布式爬虫可以简单分成两种类型的任务：一类是获取待爬队列，并且加入队列；另一类是读取待爬队列，进行新一轮的爬取工作。这有点像第 9 章中使用 Queue 和 Thread 的多线程爬虫，我们通过获取代码队列，并加入 Queue 队列中，然后使用多线程从队列中读取 URL 地址，进行多线程爬虫。

因此，本节的实践环节和第 8 章有些类似，目的是获取访问量最大的 100 个中文网站中的所有图片。

13.3.1 安装 Redis 库

首先需要使用 pip 安装 Redis 库。在 cmd 中键入 pip install redis 后按回车键，即可成功安装 Redis，如图 13-10 所示。

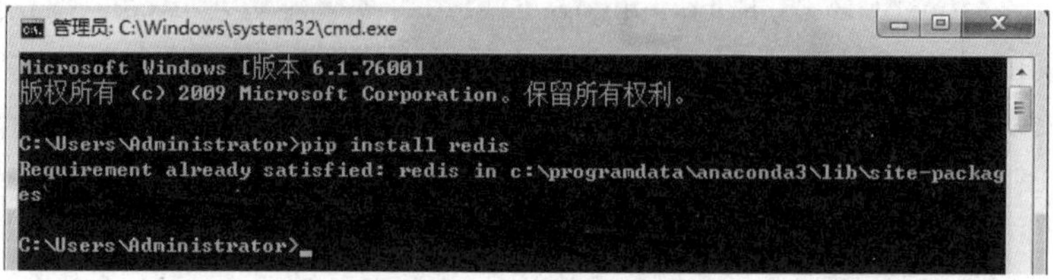

图 13-10 安装 Redis 库

13.3.2 加入任务队列

首先要创建一个函数，用于获取这 100 个中文网站中所有图片的链接地址，并且加入 Redis 数据库的队列中。

```python
    def push_redis_list():
        r = Redis(host='137.189.204.65',port=6379 ,password='redisredis')
        print (r.keys('*'))

        link_list = []
        with open('alexa.txt', 'r') as file:
            file_list = file.readlines()
            for eachone in file_list:
                link = eachone.split('\t')[1]
                link = link.replace('\n','')
                link_list.append(link)
                if len(link_list) == 100:
                    break

        for url in link_list:
            response = requests.get(url, headers=headers, timeout=20)
            soup = BeautifulSoup(response.text, 'lxml')
            img_list = soup.find_all('img')
            for img in img_list:
                img_url = img['src']
                if img_url != '':
                    print ("加入的图片url: ", img_url)
```

```
            r.lpush('img_url',img_url)
        print ('现在图片链接的个数为', r.llen('img_url'))
    return
```

在上述代码中，首先创建 r = Redis(host='LOCAL_HOST', port=6379, password='redisredis')并连接到 Redis 服务器，然后使用 r.keys('*')将 Redis 服务器中所有的 keys 都打印出来。

接着读取流量最大的 100 个网站地址。对于 link_list 的每一个链接，通过 Requests 和 BeautifulSoup 获取其中图片的链接，然后使用 r.lpush('img_url',img_url)将链接注入 Redis 数据库中，最后 r.llen('img_url')输出当前图片 URL 的数量。

13.3.3 读取任务队列并下载图片

接下来需要从 Redis 服务器中读取队列中的图片链接，将图片下载下来并保存在硬盘中。

```
def get_img():
    r = Redis(host='YOUR_HOST', port=6379 ,password='redisredis')
    while True:
        try:
            url = r.lpop('img_url')
            url = url.decode('ascii')
            if url[:2] == '//':
                url = 'http:' + url
            print (url)
            try:
                response = requests.get(url, headers=headers,timeout = 20)
                name = int(time.time())
                f = open(str(name)+ url[-4:], 'wb')
                f.write(response.content)
                f.close()
                print ('已经获取图片', url)
            except Exception as e:
                print ('爬取图片过程出问题', e)
            time.sleep(3)
        except Exception as e:
            print (e)
            time.sleep(10)
            break
    return
```

在上述代码中，首先连接 Redis 服务器，然后使用 url = r.lpop('img_url')获取队列中的图片链接，接着使用 while 循环对每一张图片链接使用 requests 获取图片并保存下来。

13.3.4　分布式爬虫代码

下面是此次分布式爬虫的代码。对于不同的服务器，此项任务分成两类：一类是客户端，这里称之为 master 主人，运行 push_redis_list 函数；另一类称之为 slave 奴隶，可以开启任意多个服务器，运行 get_img 函数。这样，简单的分布式就构建完成了。

首先介绍 master 的代码，将其保存为 master.py：

```python
import requests
from bs4 import BeautifulSoup
import re
import time
from redis import Redis
headers={ 'User-Agent':'Mozilla/5.0 (Windows NT 6.1) AppleWebKit/537.36 (KHTML, like Gecko) Chrome/52.0.2743.116 Safari/537.36' }

def push_redis_list():
    #与上面此函数相同

def get_img():
    #与上面此函数相同

if __name__ == '__main__':
    this_machine = 'master'
    print ('开始分布式爬虫')
    if this_machine == 'master':
        push_redis_list()
    else:
        get_img()
```

接着介绍 slave 的代码，将其保存为 slave.py：

```python
import requests
from bs4 import BeautifulSoup
import re
import time
from redis import Redis
```

```
    headers={ 'User-Agent':'Mozilla/5.0 (Windows NT 6.1)
AppleWebKit/537.36 (KHTML, like Gecko) Chrome/52.0.2743.116
Safari/537.36' }

    def push_redis_list():
        #与上面此函数相同

    def get_img():
        #与上面此函数相同

    if __name__ == '__main__':
        this_machine = 'slave'
        print ('开始分布式爬虫')
        if this_machine == 'master':
            push_redis_list()
        else:
            get_img()
```

上述 master.py 和 slave.py 的唯一不同之处在于，对于不同的服务器，变量 this_machine 有所不同，也就决定了各自功能的不同。首先运行 master.py，然后运行 slave.py。

在 master.py 得到的结果是：

开始分布式爬虫

[b'img_url', b'key1', b'foo']

加入的图片 url：//www.baidu.com/img/bd_logo1.png

加入的图片 url：//www.baidu.com/img/baidu_jgylogo3.gif

现在图片链接的个数为 629

加入的图片 url：//mat1.gtimg.com/www/images/qq2012/sogouSearchLogo20140629.png

加入的图片 url：http://mat1.gtimg.com/www/images/qq2012/guanjia2.png

加入的图片 url：http://img1.gtimg.com/ninja/2/2017/06/ninja149709145815497.jpg

加入的图片 url：http://img1.gtimg.com/ninja/2/2017/06/ninja149709517833491.jpg

加入的图片 url：http://img1.gtimg.com/ninja/2/2017/06/ninja149708118462544.jpg

加入的图片 url：http://img1.gtimg.com/ninja/2/2017/06/ninja149708117122501.jpg

在 slave.py 得到的结果是：

开始分布式爬虫

http://p.ssl.qhimg.com/t01929ae441cf8c880a.jpg

已经获取图片 http://p.ssl.qhimg.com/t01929ae441cf8c880a.jpg

https://p2.ssl.qhimg.com/t014c97aff16988ff6b.jpg
已经获取图片 https://p2.ssl.qhimg.com/t014c97aff16988ff6b.jpg
http://p.ssl.qhimg.com/t016ed08e5f5e51ced7.jpg
已经获取图片 http://p.ssl.qhimg.com/t016ed08e5f5e51ced7.jpg
http://p.ssl.qhimg.com/t0163f563c2168e0cb4.jpg
已经获取图片 http://p.ssl.qhimg.com/t0163f563c2168e0cb4.jpg
http://p.ssl.qhimg.com/t01def59e5c65c936be.jpg
已经获取图片 http://p.ssl.qhimg.com/t01def59e5c65c936be.jpg
打开该文件夹，我们获取的图片如图 13-11 所示。

图 13-11　获取的图片

13.4　总结

在上述实例中，我们通过 Redis 实现了一个分布式爬虫，让其可以在不同服务器之间通信。其实，还可以在分布式爬虫的各个服务器中使用多线程或多进程爬虫，这样整个爬虫的抓取速度和效率将会有更大的增长。

除此之外，分布式爬虫还有一个好处就是，队列的分配是依靠 master 的。当你获取数据的某一台 slave 奴隶服务器因为各种原因停止爬虫了，也不会让整个爬虫程序停下来。这样，分布式爬虫不仅可以在爬虫效率上有成倍的提升，还可以保证爬虫程序的稳定性。

第 14 章

爬虫实践一：维基百科

"是骡子是马，拉出来遛遛"。我们已经将 Python 网络爬虫的技术系统地学习完了，后面几个章节开始进入实践环节。每一章都会使用之前学习的技术，通过实践提升爬虫的技术水平。只有通过实践，才能真正地积累知识，掌握网络爬虫的点石成金之术。

维基百科是一个网络百科全书，在一般情况下允许用户编辑任何条目。当前维基百科由非营利组织维基媒体基金会负责营运。维基百科一词是由网站核心技术 Wiki 和具有百科全书之意的 encyclopedia 共同创造出来的新混合词 Wikipedia。

本章将给出一个爬取维基百科的实践项目，所采用的爬虫技术包括以下 4 种。

- 爬取网页：静态网页爬虫
- 解析网页：正则表达式
- 存储数据：存储至 txt
- 进阶新技术：深度优先的递归爬虫，广度优先的多线程爬虫

14.1 项目描述

14.1.1 项目目标

本项目的目标是爬取维基百科上的词条链接。维基百科上的英文词条文章数约有 537 万，所有语言的词条文章数超过了 4100 万，数量十分庞大。作为网络爬虫练手的项目，并不需要把维基百科上所有的词条链接爬下来，本次的爬虫深度设置为两层。如果大家想爬更多的链接，可以自行调整爬虫深度。

由于维基百科为非赢利的机构，其运营完全靠公众的捐助。因此，在运行爬虫的时候，注意不要过快、过频密地爬取维基百科网页，以免对服务器产生大量负荷。另外，如果可以，单击维基百科的 Donate to Wikipedia，捐助一些资金给维基百科，让它可以持续、免费地提供知识给人们。

14.1.2 项目描述

如果需要爬取一个网站上的所有链接，采取什么方法比较好呢？可以找到该网站上的一个网页，如主页，获取主页的内容，分析网页内容并找到主页上所有的本站链接，然后爬取刚刚获得的链接，再分析这些链接上的网页内容，找到上面所有的本站链接，并不断重复，直到没有新的链接为止，如图 14-1 所示。

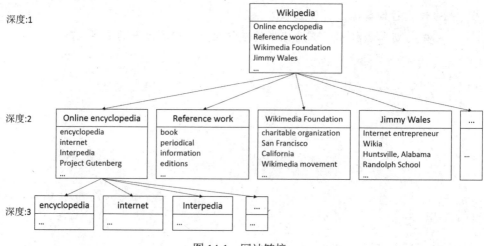

图 14-1　网站链接

以维基百科为例，我们可以先爬取词条为 Wikipedia 的网页，获取该网页的所有词条链接，如 Wikipedia 中的 online encyclopedia，此时爬虫深度为 1。接下来，可以爬取新获取的词条链接的网页，获取其中的所有词条链接，如 online encyclopedia 中的 encyclopedia，此时爬虫深度为 2。之后，再次爬取最新获取的词条链接的网页，获取其中的所有词条链接，如获取 encyclopedia 中的 dictionaries，此时爬虫深度为 3。由于爬虫深度为 3 的时候爬取的词条数目已经在 300 万以上，因此本次爬虫仅设置深度为 2。

图 14-1 使用了树状图来表述爬取链接的情况，我们可以明显地看到一条一条的爬虫路径。如果把每一层的首尾相连，用网状图来表示结构，就可以画出如图 14-2 所示的"蜘蛛网图"。

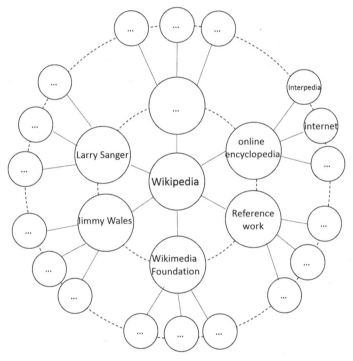

图 14-2　网状图结构

想必看到图 14-2，大家很容易就能明白为什么爬取网络上的信息叫做网络爬虫（Web Crawler）或网络蜘蛛（Web Spider）了。如果我们把整个互联网比喻成一个蜘蛛网，那么网络爬虫就是在网上爬来爬去的蜘蛛。网络蜘蛛是通过网页的链接地址寻找网页的，从网站某一个页面（通常是首页）开始读取网页的内容，找到在网页中的其他链接地址，然后通过这些链接地址寻找下一个网页，这样一直循环下去，直到把这个网站所有的网页都抓取完为止。如果把整个互联网当成一个网站，那么网络蜘蛛就可以用这个原理把互联网上所有的网页都抓取下来。

14.1.3 深度优先和广度优先

如何把整个网站的所有网页都爬取一遍呢？这里要说到两个算法：基于深度优先的遍历和基于广度优先的遍历。

这两个算法都非常容易理解。

深度优先的遍历可以描述为"不撞南墙不回头"，具体一点就是首先访问第一个邻接节点，然后以这个被访问的邻接节点作为初始节点，访问它的第一个邻接节点。访问策略是优先往纵向挖掘深入，直到到达指定的深度或该节点不存在邻接节点，才会掉头访问第二条路。

在 14.1.2 小节的维基百科例子中，假设深度为 3，深度优先算法会先爬取 Wikipedia 词条的所有词条链接；假设在 Wikipedia 页面的第一个词条链接是 Online encyclopedia，那么爬虫接着会爬取 Online encyclopedia 的所有词条链接；假设在 Online encyclopedia 页面的第一个词条链接是 encyclopedia，那么爬虫接着会爬取 encyclopedia 的所有词条链接，接着爬取 internet 的所有词条链接。

维基百科的树状图编号如图 14-3 所示。

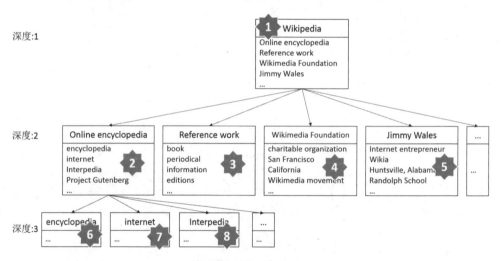

图 14-3 树状图编号

基于深度优先的爬虫路径是：1→2→6→7→8→3→4→5。

广度优先的遍历可以描述为"一层一层地剥开我的心"。具体一点就是从某个顶点出发，首先访问这个顶点，然后找出这个节点的所有未被访问的邻接节点，访问完后再访问这些节点中第一个邻接节点的所有节点，重复此方法，直到所有节点都被访问完为止。访问策略采用先访问完一个深度的所有节点，再访问更深一层的所有节点，并采用 FIFO（先进先出）的策略。

在维基百科例子中，假设深度为 3，广度优先算法会先爬取 Wikipedia 词条的所有词条链接，然后爬取 Wikipedia 词条的所有词条链接的页面，获取各个页面的所有链接，也就是把深度为 2 的所有网页爬完后，再爬取最新获取的词条链接的网页，也就是爬取所有深度为 3 的网页。

利用上面的树状图的编号，基于广度优先的爬虫路径是：1 →2 →3 →4 →5 →6 →7 →8。

14.2 网站分析

这次维基百科爬虫的首页是 https://en.wikipedia.org/wiki/Wikipedia，也就是 Wikipedia 词条的页面，如图 14-4 所示。

图 14-4　Wikipedia 词条的页面

首先，可以用 Chrome 浏览器的检查（审查元素）功能分析词条链接的特点，如图 14-5 所示。

```
<a href="/wiki/Online_encyclopedia" title="Online encyclopedia">online encyclopedia</a>
" that aims to allow anyone to edit articles."
▶ <sup id="cite_ref-6" class="reference">…</sup>
" Wikipedia is the largest and most popular general "
<a href="/wiki/Reference_work" title="Reference work">reference work</a>
```

图 14-5　分析词条链接的特点

我们可以写一段简单的代码取出本页面的所有链接，帮助分析真正词条链接的特点，代码如下：

```
#!/usr/bin/python
# coding: UTF-8

import requests
from bs4 import BeautifulSoup

headers = {'User-Agent' : 'Mozilla/5.0 (Windows; U; Windows NT 6.1; en-US; rv:1.9.1.6) Gecko/20091201 Firefox/3.5.6'}
r = requests.get("https://en.wikipedia.org/wiki/Wikipedia", headers= headers)
html = r.text
bsObj = BeautifulSoup(html)

for link in bsObj.findAll("a"):
    if 'href' in link.attrs:
        print (link.attrs['href'])
```

得到的结果是该页面的所有链接：

/wiki/Wikipedia:Protection_policy#semi

#mw-head

#p-search

/wiki/Main_Page

/wiki/Wikipedia:About

/wiki/Wikipedia_(disambiguation)

/wiki/File:Wikipedia-logo-v2.svg

/wiki/File:Wikipedia_wordmark.svg

……

可以看到，提取的 URL 有一些是重复的，还有一些 URL 是我们不需要的，比如侧边栏、页眉、页脚、文章引用的链接等。

通过分析，可以发现所有词条的链接有两个特点：

（1）URL 链接是以/wiki/开头的相对路径。

（2）URL 链接不包括冒号、#、=、<、>。

我们可以直接用正则表达式从网页 HTML 代码中提取需要的词条链接，正则表达式为<a href="/wiki/([^:#=<>]*?)".*?</a>。

14.3 项目实施：深度优先的递归爬虫

首先，使用深度优先的爬虫获取所有的词条链接，爬虫深度为 2，代码如下：

```python
#!/usr/bin/python
# coding: utf-8

import requests
import re
import time

exist_url = [] #存放已爬取的网页
g_writecount = 0

def scrappy(url, depth = 1):
    global g_writecount
    try:
        headers = {'User-Agent' : 'Mozilla/5.0 (Windows; U; Windows NT 6.1; en-US; rv:1.9.1.6) Gecko/20091201 Firefox/3.5.6'}
        url = "https://en.wikipedia.org/wiki/" + url
        r = requests.get(url, headers= headers)
        html = r.text
    except Exception as e:
        print ('Failed downloading and saving', url)
        print (e)
        exist_url.append(url)
        return None

    exist_url.append(url)
    link_list = re.findall('<a href="/wiki/([^:#=<>]*?)".*?</a>',html)
    # 去掉已爬链接和重复链接
    unique_list = list(set(link_list) - set(exist_url))

    #把所有链接写出到txt文件
    for eachone in unique_list:
        g_writecount += 1
        output = "No." + str(g_writecount) + "\t Depth:" +
```

```
str(depth) + "\t"+ url + ' -> ' + eachone + '\n'
        print (output)
        with open('link_12-3.txt', "a+") as f:
            f.write(output)

        #只获取两层,"Wikipedia"算第一层
        if depth < 2:
            #递归调用自己来访问下一层
            scrappy(eachone, depth+1)

scrappy("Wikipedia")
```

在上述代码中,exist_url 是一个列表,用于存放已经爬取的网页。scrappy(url, depth = 1)为爬虫的函数,在获取页面的 html 源代码后,可以使用正则表达式提取所有的词条链接(即 link_list),并且用 list(set(link_list) - set(exist_url))去掉那些已经爬取的链接和重复的链接,得到 unique_list。

每一个新获取的链接都有要先保存到 TXT 文件中,再使用递归函数调用。也就是说,在 scrappy 函数中调用递归 scrappy 访问一条没有访问过的词条链接,直到深度大于或等于 2 为止。

我们可以在 title.txt 中查看顺利获取的数据,如图 14-6 所示。

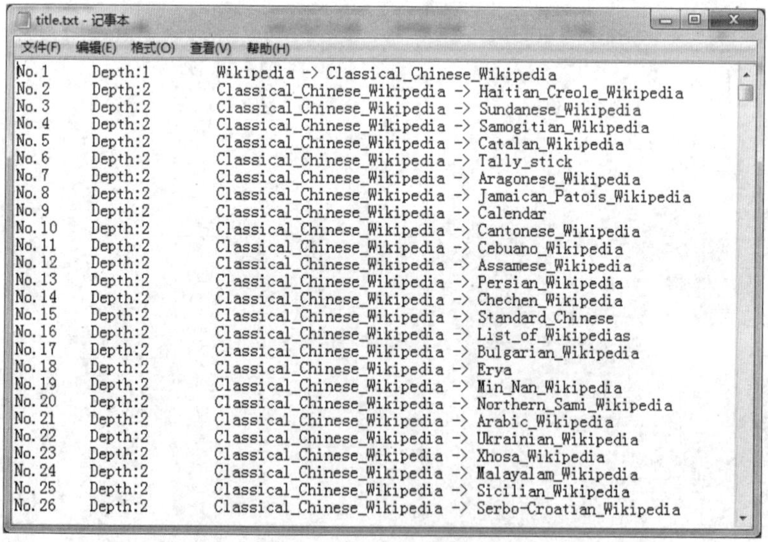

图 14-6 查看获取的数据

最终获取的 URL 数量为 172864 个,花费的时间为 1957.4 秒。

14.4 项目进阶：广度优先的多线程爬虫

从基于深度优先的递归爬虫可以了解深度优先算法的特点。但是由于其还是串行的爬虫，速度难免比较慢。当把深度加到 3 时，笔者试过爬了 10 个小时左右才爬取了 170 万个词条链接。因此，如果需要加快爬虫的速度，可以尝试多线程爬虫。

多线程爬虫用深度优先算法不太方便，因为深度优先算法的链接是一个一个获取的，在获取之前并不知道下一个页面有多少链接，调用多线程的队列并不能带来太多的好处。

多线程爬虫配合广度优先算法正好。广度优先的遍历算法以层为顺序，将某一层上的所有节点都搜索到了之后才向下一层搜索，可以有大量词条链接放入多线程爬虫的队列中。

以下是广度优先的多线程爬虫的代码，此处代码很长，请耐心阅读体会。

```python
#!/usr/bin/env python
#coding=utf-8
import threading
import requests
import re
import time
g_mutex = threading.Condition()
g_pages = []  #存储广度爬虫获取的 html 代码，之后解析所有 url 链接
g_queueURL = []  #等待爬取的 url 链接列表
g_existURL = []  #已经爬取过的 url 链接列表
g_writecount = 0  #找到的链接数

class Crawler:
    def __init__(self,url,threadnum):
        self.url=url
        self.threadnum=threadnum
        self.threadpool=[]

    def craw(self):    #爬虫的控制大脑，包括爬取网页，更新队列
        global g_queueURL
        g_queueURL.append(url)
        depth=1
        while(depth < 3):
```

```python
            print ('Searching depth ',depth,'...\n')
            self.downloadAll()
            self.updateQueueURL()
            g_pages = []
            depth += 1

    def downloadAll(self): #调用多线程爬虫，在小于线程最大值和没爬完队列之
前，会增加线程
        global g_queueURL
        i=0
        while i<len(g_queueURL):
            j=0
            while j<self.threadnum and i+j < len(g_queueURL):
                threadresult = self.download(g_queueURL[i+j],j)
                j+=1
            i += j
            for thread in self.threadpool:
                thread.join(30)
            threadpool=[]
        g_queueURL=[]

    def download(self,url,tid): #调用多线程爬虫
        crawthread=CrawlerThread(url,tid)
        self.threadpool.append(crawthread)
        crawthread.start()

    def updateQueueURL(self): #完成一个深度的爬虫之后，更新队列
        global g_queueURL
        global g_existURL
        newUrlList=[]
        for content in g_pages:
            newUrlList+=self.getUrl(content)
        g_queueURL=list(set(newUrlList)-set(g_existURL))

    def getUrl(self,content): #从获取的网页中解析url
        link_list = re.findall('<a href="/wiki/([^:#=<>]*?)".*?</a>',content)
        unique_list = list(set(link_list))
        return unique_list

class CrawlerThread(threading.Thread): #爬虫线程
    def __init__(self,url,tid):
        threading.Thread.__init__(self)
```

```python
            self.url=url
            self.tid=tid
    def run(self):
        global g_mutex
        global g_writecount
        try:
            print (self.tid, "crawl ", self.url)
            headers = {'User-Agent' : 'Mozilla/5.0 (Windows; U; Windows NT 6.1; en-US; rv:1.9.1.6) Gecko/20091201 Firefox/3.5.6'}
            r = requests.get("https://en.wikipedia.org/wiki/" + self.url, headers= headers)
            html = r.text

            link_list2 = re.findall('<a href="/wiki/([^:#=<>]*?)".*?</a>',html)
            unique_list2 = list(set(link_list2))
            for eachone in unique_list2:
                g_writecount += 1
                content2 = "No." + str(g_writecount) + "\t Thread" + str(self.tid) + "\t"+ self.url + '->' + eachone +'\n'
                with open('title2.txt', "a+") as f:
                    f.write(content2)
        except Exception as e:
            g_mutex.acquire()
            g_existURL.append(self.url)
            g_mutex.release()
            print ('Failed downloading and saving',self.url)
            print (e)
            return None
        g_mutex.acquire()
        g_pages.append(html)
        g_existURL.append(self.url)
        g_mutex.release()

if __name__ == "__main__":
    url = "Wikipedia"
    threadnum = 5
    crawler = Crawler(url,threadnum)
    crawler.craw()
```

上述代码首先定义了 Crawler 类，其参数 url 是爬虫的初始词条，threadnum 代表线程数，然后调用 Crawler 类中的 craw 函数。

在 Crawler 类的 craw 函数中，首先定义 depth 深度为 1，然后将 url 加入

239

g_queueURL 等待爬取的 url 链接列表中。接着进入循环，当 depth 小于 3 时，先用 self.downloadAll()函数使用多线程下载 g_queueURL 中所有页面的词条链接，当完成某一层深度所有节点的爬取后，使用 self.updateQueueURL()将新下载的所有词条链接加入 g_queueURL 中（除去重复的和新下载的）。

在 downloadAll()函数中，有 URL 可以爬虫的时候，其中代码的循环会不断创建线程，直到达到线程数的最大值或爬取了 g_queueURL 中所有的链接为止。

假设 g_queueURL 中有 10 个 URL，线程的最大值为 5。程序在循环中会一个一个地开启线程，直到开启 5 个线程为止，每个线程用来爬取 g_queueURL 中的一个链接。这 5 个线程会调用 download()函数，download()函数会调用 CrawlerThread (threading.Thread)来爬取 g_queueURL 中某一个词条网页的所有链接。

当线程 1 完成后，它会从 g_queueURL 提取第 6 个 URL 爬取；线程 2~5 完成后也会如此。当某线程完成下载后，若发现爬取队列为空，则该线程会退出。

这样便完成了某一层深度的爬虫，g_existURL 会保存爬取过的链接，g_pages 会保存刚刚爬过网页的 html 源代码，我们需要从中找到所有的词条链接，用来开始新一层深度的爬虫。

在 updateQueueURL()函数中，我们会从 g_pages 中获取所有的词条链接，然后使用 g_queueURL=list(set(newUrlList)-set(g_existURL))去除重复和已经爬取过的链接，这就是更新过后的 g_queueURL 等待爬取的 URL 链接列表。

完成之后，将深度 depth 加 1，然后在循环中爬取更深一层的词条链接，直到等于最大深度为止。

我们可以在 title2.txt 中查看顺利获取的数据，如图 14-7 所示。

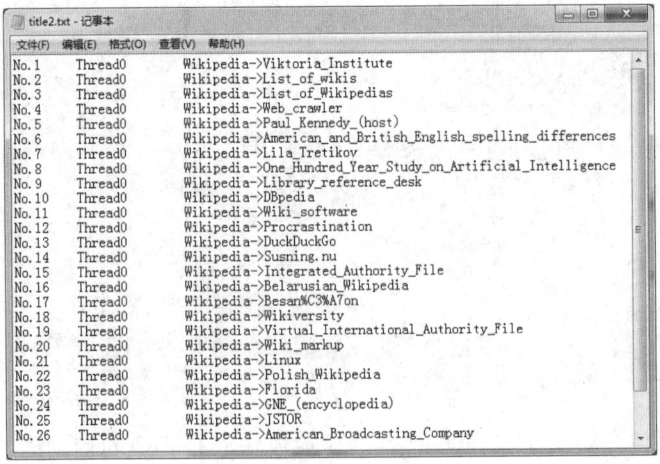

图 14-7 查看获取的数据

最终获取的 URL 数量为 190522 个，花费的时间为 680 秒。

可以看到，基于深度优先的递归爬虫大概花费 1957 秒，是多线程爬虫的 3 倍左右。这里仅仅经过了一次测试，虽然使用的是同一网络，但是时间间隔为一天左右，不能进行很精准的比较。多线程爬虫确实能加快爬虫效率，如果线程开得更多，相信爬虫的效率会更高。

14.5 总　结

通过本章的学习，相信读者已经能够灵活地利用基础的爬虫知识获取维基百科的链接了。另外，读者应该对基于深度和广度的爬虫已经有所了解。如果还想挑战一下自己，可以尝试将获取深度加大到第 3 层，看看最短在多少秒之内能够完成前 3 层的爬虫。

第 15 章

◀ 爬虫实践二：知乎Live ▶

知乎是中文互联网一个非常大的知识社交平台。在知乎上，用户可以通过问答等交流方式获取知识。区别于百度知道等问答网站，知乎的回答往往非常深入，都是回答者精心写的，知乎上聚集了中国互联网科技、商业、文化等领域里最具创造力的人群之一，将高质量的内容通过人的节点形成规模的生产和分享，构建高价值人际关系网络。

本章为爬取知乎网站的实践项目，所采用的爬虫技术包括以下 3 种。

- 爬取网页：解析 AJAX 动态加载地址
- 解析网页：提取 JSON 数据
- 存储数据：存储至 MongoDB 数据库

15.1 项目描述

本项目的目标是爬取知乎 Live 的所有实时语音分享以及知乎 Live 的听众。知乎 Live 的 URL 地址为 https://www.zhihu.com/lives，如图 15-1 所示。

图 15-1　知乎 Live

15.2 网站分析

打开知乎 Live 的官方网站主页后，我们发现它一次只会加载 10 个 Live，并且加载的方式不是翻页，而是将页面滑动到最底部，这对获取新加载的 Live 数据带来了困难。不过不用担心，前面章节的学习为读者带来了诸多解决方法，这里用到的方法是使用 Chrome 浏览器的"检查"功能解析 AJAX 动态加载地址，进而找到加载的数据。

打开 Chrome 浏览器的"检查"功能，单击 Network，当滑动到页面最底部时，加载新的 Live。Network 下方会出现新加载的内容，如图 15-2 所示。

图 15-2 加载的内容

可以发现,Live 加载的新数据是请求了 https://api.zhihu.com/lives/homefeed?limit=10&offset=20&includes=live 这个网页的 json 数据。单击 Preview,可以看到 json 数据的结构,如图 15-3 所示。

图 15-3 json 数据的结构

其中,data 是每一个新加载 Live 的数据;paging 可以知道该页是否是最后一页以及下一页的链接。如果 paging 的 is_end 变成了 true,就代表最后一页,这样我们就可以顺着 paging 提供的信息知道之后应该爬哪一页,什么时候应该停止爬虫了。

在获取所有 Live 的信息之后,还要根据 Live 的 id 获取每个 Live 的听众资料。我们可以随便单击一个 Live,进入 Live 的页面后,打开 Chrome 的审查元素,可以看到 "XX 人参与",如图 15-4 所示。

第 15 章 爬虫实践二：知乎 Live

图 15-4　Chrome 的审查元素

虽然多少人参与这个 Live 的链接已经无法获得，但是我们之前已经获得过听众的链接，发现 Live 加载新的听众数据是请求了 https://api.zhihu.com/lives/847817806807453696/members?limit=10&offset=10，修改 offset 便可以获得新的听众数据。

15.3　项目实施

15.3.1　获取所有 Live

首先，尝试爬取 Live 的第一页，解析 AJAX 动态加载地址，知道第一页的地址为 https://api.zhihu.com/lives/homefeed?includes=live。下面是简单的爬虫代码：

```
import requests
def scrapy(link):
    headers = {
        'User-Agent' : 'Mozilla/5.0 (Windows NT 6.1; WOW64)
```

245

```
AppleWebKit/537.36 (KHTML, like Gecko) Chrome/57.0.2987.98
Safari/537.36'
    }
    r = requests.get(link, headers= headers)
    return (r.text)

link = "https://api.zhihu.com/lives/homefeed?includes=live"
html = scrapy(link)
print (html)
```

输出结果是我们需要的 Live 数据:

{"paging": {"is_end": false, "next": "https://api.zhihu.com/lives/homefeed?limit=10&offset=1490443200", "previous": ""}, "data": [{"object_type": "live",

...

"action": "new_hot_live", "source_id": 0, "id": "live827121170288631808"}]}

除了第一页,我们还需要获取其他页的 Live 信息。首先尝试看看能否从这个 json 中抽出需要的数据,包括下一页的链接,以及是否为最后一页。

```
import json
decodejson = json.loads(html)
next_page = decodejson['paging']['next']
is_end = decodejson['paging']['is_end']
print (next_page)
print (is_end)
```

运行上述代码,得到的结果是:

https://api.zhihu.com/lives/homefeed?limit=10&offset=1494594000
False

这表示了下一页的地址,以及并不是最后一页。

接下来需要完成两个任务:(1)使用循环获取所有 Live 的数据,到最后一页的时候停止获取;(2)将数据存储到 MongoDB 中。下面是完成这两个任务的代码。

```
import requests
from pymongo import MongoClient
import json
import time
import random
```

```python
#连接MongoDB
client = MongoClient('localhost',27017)
db = client.zhihu_database
collection = db.live

#定义爬虫函数
def scrapy(link):
    headers = {
        'User-Agent' : 'Mozilla/5.0 (Windows NT 6.1; WOW64) AppleWebKit/537.36 (KHTML, like Gecko) Chrome/57.0.2987.98 Safari/537.36'
    }
    r = requests.get(link, headers= headers, proxies=proxies)
    return (r.text)

link = "https://api.zhihu.com/lives/homefeed?includes=live"
is_end = False
#循环获取所有Live
while not is_end:
    html = scrapy(link)
    decodejson = json.loads(html)
    collection.insert_one(decodejson)

    link = decodejson['paging']['next']
    is_end = decodejson['paging']['is_end']
    print (link, is_end)
    time.sleep(random.randint(2,3) + random.random())
```

在上面的代码中，我们首先连接到 MongoDB 的数据库中，然后用之前定义好的 scrapy()函数去获取弹幕。

为了获取所有的页面，这里使用了一个 while 循环，保证不是最后一页的时候继续爬取下一页。在循环中，将得到的 json 数据直接插入（insert_one）MongoDB 的集合中。

这样的好处是，不用解析 json 数据即可直接保存到 MongoDB 中，省时省力。运行完成后，打开 Robomongo，查看的结果如图 15-5 所示。

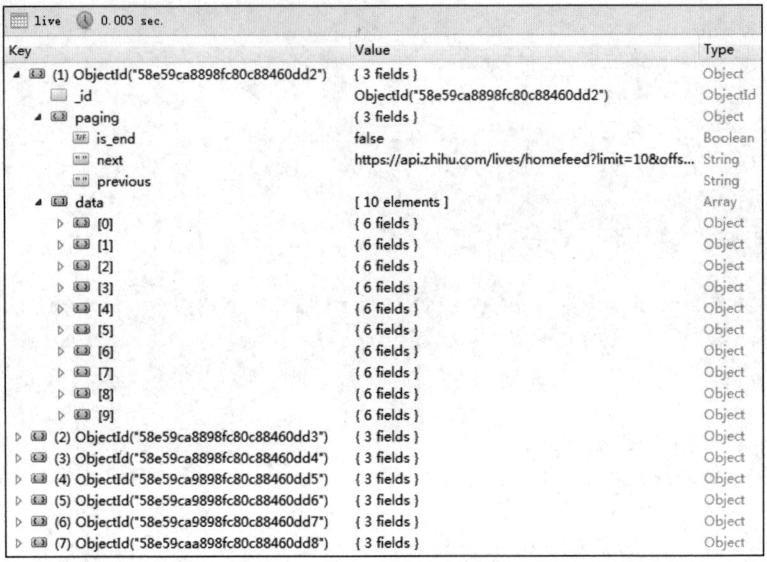

图 15-5 查看结果

如果你还没有安装 Robomongo，建议安装一下。这是一个 MongoDB 的可视化工具，能够非常清晰、明白地展示 MongoDB 的数据库情况。

15.3.2 获取 Live 的听众

在获取了所有的 Live 后，我们需要从 Live 中获取 id，然后根据 id 获取听众的列表。首先需要从 MongoDB 中提取 live 的 id，先尝试提取第一页 live 所有的 id，代码如下：

```
from pymongo import MongoClient
client = MongoClient('localhost',27017)
db = client.zhihu_database
collection = db.live

first_page = collection.find_one()
for each in first_page['data']:
    print (each['live']['id'])
```

运行上述代码，获得的结果是：

989811253094866944
812015618365743104
870704471959822336
826057084528394240

860165089880330240

835121024906432512

897097999497437184

850711363683770368

1045284726512451584

927876522726027264

共获取了 10 条 Live 的 id。当然,不同时间的爬虫获取的 Live id 是不一样的。其中,collection.find_one()用于查看集合的第一条记录,在测试之后,可以用 collection.find()得到集合的所有记录。

假设已经有了一个 Live 的 id,是 989811253094866944。怎么获得这个 Live 的所有听众呢?如何把听众的信息加入 MongoDB 中呢?其代码如下:

```python
import requests
from pymongo import MongoClient
import json
import time
import random

client = MongoClient('localhost',27017)
db = client.zhihu_database

live_id = '989811253094866944'

def get_audience(live_id):
    headers = {'User-Agent' : 'Mozilla/5.0 (Windows NT 6.1; WOW64) AppleWebKit/537.36 (KHTML, like Gecko) Chrome/57.0.2987.98 Safari/537.36'}
    link = 'https://api.zhihu.com/lives/' + live_id + '/members?limit=10&offset=0'

    is_end = False
    while not is_end:
        r = requests.get(link, headers= headers)
        html = r.text
        decodejson = json.loads(html)
        decodejson['live_id'] = live_id
        db.live_audience.insert_one(decodejson)

        link = decodejson['paging']['next']
        is_end = decodejson['paging']['is_end']
        print(link, is_end)
```

```
        time.sleep(random.randint(2,3) + random.random())

get_audience(live_id)
```

在上述代码中，函数 get_audience(live_id)和之前获取 live 信息的代码类似，也是获取该 Live 听众第一页的 json 数据后，加入 MongoDB 中，然后使用循环获取该 Live 下一页的听众，直到最后一页。

获取的数据在 Robomongo 中，如图 15-6 所示。

Key	Value
▼ 💼 (1) ObjectId("5c053edafadf3789e45f4291")	{ 4 fields }
💼 _id	ObjectId("5c053edafadf3789e45f4291")
> 💼 paging	{ 3 fields }
> 💼 data	[10 elements]
💼 live_id	989811253094866944
> 💼 (2) ObjectId("5c053ef0fadf3789e45f4292")	{ 4 fields }
> 💼 (3) ObjectId("5c053f06fadf3789e45f4293")	{ 4 fields }
> 💼 (4) ObjectId("5c053f1cfadf3789e45f4294")	{ 4 fields }
> 💼 (5) ObjectId("5c053f32fadf3789e45f4295")	{ 4 fields }
> 💼 (6) ObjectId("5c053f48fadf3789e45f4296")	{ 4 fields }
> 💼 (7) ObjectId("5c053f5efadf3789e45f4297")	{ 4 fields }
> 💼 (8) ObjectId("5c053f75fadf3789e45f4298")	{ 4 fields }
> 💼 (9) ObjectId("5c053f8bfadf3789e45f4299")	{ 4 fields }
> 💼 (10) ObjectId("5c053fa1fadf3789e45f429a")	{ 4 fields }
> 💼 (11) ObjectId("5c053fb7fadf3789e45f429b")	{ 4 fields }
> 💼 (12) ObjectId("5c053fcefadf3789e45f429c")	{ 4 fields }
> 💼 (13) ObjectId("5c053fe4fadf3789e45f429d")	{ 4 fields }
> 💼 (14) ObjectId("5c053ff9fadf3789e45f429e")	{ 4 fields }
> 💼 (15) ObjectId("5c054010fadf3789e45f429f")	{ 4 fields }

图 15-6　获取的结果

如果要获取每一个 Live 的听众，就需要将上述两段代码结合起来，一方面从 Live 的集合中提取出 Live id，另一方面用这个 Live id 获取所有的听众，并存储在 live_collection 中。其代码如下：

```
import requests
from pymongo import MongoClient
import json
import time
import random

client = MongoClient('localhost',27017)
db = client.zhihu_database

for each_page in db.live.find():
    for each in each_page['data']:
        live_id = each['live']['id']
        print (live_id)
        get_audience(live_id)
```

在上述代码中，get_audience(live_id)使用的是之前的函数，这里就不再重复了。运行代码后，获得的结果如图 15-7 所示。

Key	Value	Type
(1) ObjectId("591c59a3898fc819b8e98efc")	{ 4 fields }	Object
(2) ObjectId("591c59a7898fc819b8e98efd")	{ 4 fields }	Object
(3) ObjectId("591c59aa898fc819b8e98efe")	{ 4 fields }	Object
(4) ObjectId("591c59ac898fc819b8e98eff")	{ 4 fields }	Object
(5) ObjectId("591c59af898fc819b8e98f00")	{ 4 fields }	Object
(6) ObjectId("591c59b2898fc819b8e98f01")	{ 4 fields }	Object
(7) ObjectId("591c59b5898fc819b8e98f02")	{ 4 fields }	Object
(8) ObjectId("591c59b8898fc819b8e98f03")	{ 4 fields }	Object
(9) ObjectId("591c59bb898fc819b8e98f04")	{ 4 fields }	Object
(10) ObjectId("591c59be898fc819b8e98f05")	{ 4 fields }	Object
(11) ObjectId("591c59c1898fc819b8e98f06")	{ 4 fields }	Object
(12) ObjectId("591c59c5898fc819b8e98f07")	{ 4 fields }	Object
(13) ObjectId("591c59c9898fc819b8e98f08")	{ 4 fields }	Object
(14) ObjectId("591c59cd898fc819b8e98f09")	{ 4 fields }	Object
(15) ObjectId("591c59d1898fc819b8e98f0a")	{ 4 fields }	Object
(16) ObjectId("591c59d3898fc819b8e98f0b")	{ 4 fields }	Object
(17) ObjectId("591c59d7898fc819b8e98f0c")	{ 4 fields }	Object
(18) ObjectId("591c59db898fc819b8e98f0d")	{ 4 fields }	Object
(19) ObjectId("591c59dd898fc819b8e98f0e")	{ 4 fields }	Object
(20) ObjectId("591c59e0898fc819b8e98f0f")	{ 4 fields }	Object
(21) ObjectId("591c59e4898fc819b8e98f10")	{ 4 fields }	Object
(22) ObjectId("591c59e7898fc819b8e98f11")	{ 4 fields }	Object
(23) ObjectId("591c59ea898fc819b8e98f12")	{ 4 fields }	Object
(24) ObjectId("591c59ef898fc819b8e98f13")	{ 4 fields }	Object
(25) ObjectId("591c59f3898fc819b8e98f14")	{ 4 fields }	Object
(26) ObjectId("591c59f7898fc819b8e98f15")	{ 4 fields }	Object

图 15-7　获得的结果

15.4 总　结

本章对使用 AJAX 动态解析地址解析 JSON 数据和 MongoDB 的存储进行了实践。如果你想进一步挑战自己，可以尝试在爬取听众的时候使用多线程或多进程爬虫，从而加快爬虫速度；还可以尝试通过获取的听众知乎 id 获取听众更多的数据。不过这些网络爬虫技术仅能用作学习用途。

第 16 章

爬虫实践三：百度地图API

百度地图是一款网络地图搜索服务。在百度地图里，用户可以查询街道、商场、楼盘的地理位置，也可以找到离你最近的餐馆、学校、银行、公园等。百度地图提供了丰富的 API 供开发者调用，我们可以免费地获取各类地点的具体信息。

本章为使用百度 API 获取数据的实践项目，所采用的技术包括：

- 爬取网页：使用 Requests 请求百度地图 API 地址
- 解析网页：提取 JSON 数据
- 存储数据：存储至 MySQL 数据库

16.1 项目描述

本项目的目标是通过百度地图 Web 服务 API 获取中国城市的公园数据，并且获取每一个公园具体的评分、描述等详情，最终将数据存储到 MySQL 数据库中。

百度地图 Place API 的地址为 http://lbsyun.baidu.com/index.php?title=webapi/guide/webservice-placeapi，如图 16-1 所示。

图 16-1 百度地图 Place API

其实，网络爬虫除了可以直接进入该网站的网页进行爬取外，还可以通过网站提供的 API 进行爬取。由于 API 是官方提供的数据获取通道，因此数据的获取是没有争议的。如果一个网站提供 API 获取数据，那么最好使用 API 获取，既简单又方便。

除了本章提到的百度地图，其他国内提供 API 免费获取数据的站点还有新浪微博、豆瓣电影、饿了么、豆瓣音乐等，国外提供 API 的服务有 Facebook、Twitter 等。除此之外，还有很多收费的 API 数据站点，包括百度 API Store 和聚合数据等，对这些有兴趣的读者可以去搜索一下。

16.2 获取 API 秘钥

首先，打开百度地图 Place API，如果有百度账号，可以单击右上角的"登录"。登录后可以进入"控制台"，单击"创建应用"按钮，如图 16-2 所示。

图 16-2　API 控制台

填写好应用名称，并选择使用 IP 白名单校验方式进行校验。在 IP 白名单的文本框中填写 0.0.0.0/0，以表示不想对 IP 做任何限制，如图 16-3 所示。单击"提交"按钮后，即可在 API 控制台中看到自己的 AK，也就是 API 请求串的必填参数。

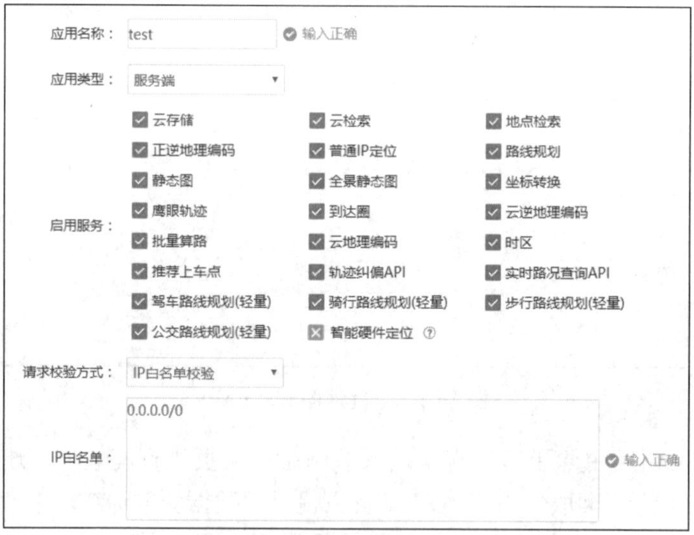

图 16-3　使用 IP 白名单校验方式

请注意，每一个账号一天只有 2000 次的调用限额，并发是每秒 2 次。如果进行了认证，一天就会有 10 万次的调用限额。

16.3 项目实施

本项目的实施分为以下 3 步：

（1）获取所有拥有公园的城市，并存储至 TXT。
（2）获取所有城市的公园数据，并存储至 MySQL。
（3）获取所有公园的详细信息，并存储至 MySQL。

在百度地图 Place API 中，如果需要获取数据，向指定的 URL 地址发送一个 GET 请求即可。例如，要获取数据的城市为北京，检索关键字为"饭店"，检索后返回 10 条数据，可以请求下面的地址：

http://api.map.baidu.com/place/v2/search?q=饭店&region=北京&output=json&ak=您的 AK

该地址中有一些需要设置的参数，常用的参数如表 16-1 所示。

表 16-1 常用的参数及其含义

参数	是否必须	默认值	示例	含义
query	是	无	饭店、公园	检索关键字
tag	否	无	美食	检索分类偏好，与 q 组合进行检索，多个分类以","分隔
region	是	无	北京市、全国	检索区域（市级以上行政区域）
scope	否	1	1、2	检索结果详细程度。若取值为 1 或空，则返回基本信息；若取值为 2，则返回检索 POI 详细信息
page_size	否	10	10~20	范围记录数量，默认为 10 条记录，最大返回 20 条
page_num	否	0	0、1、2	分页页码，0 代表第一页，1 代表第二页
output	否	xml	xml、json	输出格式为 json 或 xml
ak	是	无	你的秘钥	用户的访问秘钥，必填项

如果你想深入了解 Place API 的参数和使用，可以访问之前公布的百度地图 Place API 的地址。

下面尝试获取北京市的公园数据，并用 JSON 数据格式返回。

```
#!/usr/bin/python
# coding: UTF-8
```

```
import requests
import json

def getjson(loc, page_num=0):
    headers = {'User-Agent' : 'Mozilla/5.0 (Windows; U; Windows NT 6.1; en-US; rv:1.9.1.6) Gecko/20091201 Firefox/3.5.6'}
    pa = {'q': '公园',
        'region': loc,
        'scope': '2',
        'page_size': 20,
        'page_num': page_num,
        'output': 'json',
        'ak': 'DDtVK6HPruSSkqHRj5gTk0rc'
    }
    r = requests.get("http://api.map.baidu.com/place/v2/search", params=pa, headers= headers)
    decodejson = json.loads(r.text)
    return decodejson

getjson('北京市')
```

得到的结果如图 16-4 所示。

```
{
    "status":0,
    "message":"ok",
    "total":400,
    "results":[
        {
            "name":"颐和园",
            "location":{
                "lat":39.998475,
                "lng":116.27487
            },
            "address":"北京市海淀区新建宫门路19号",
            "street_id":"2a7a25ecf9cf13636d3e1bad",
            "telephone":"010-62881144",
            "detail":1,
            "uid":"2a7a25ecf9cf13636d3e1bad",
            "detail_info":{
                "tag":"旅游景点;风景区",
                "type":"scope",
                "detail_url":"http://api.map.baidu.com
                "price":"30",
                "overall_rating":"3.8",
                "image_num":"219",
                "comment_num":"2239"
            }
        }
```

图 16-4 获取北京市的公园数据

16.3.1 获取所有拥有公园的城市

接下来获取所有拥有公园的城市,并把结果写入 MySQL 中。

在百度地图的 Place API 中,如果 region 的取值为"全国"或某省份,就返回指定区域的 POI 及数量。例如,设置 region 为广东省,可以得到广东省各个市的情况:

{ "status":0, "message":"ok", "total":21, "results":[{ "name":" 广 州 市 ", "num":1369 }, { "name":"深圳市", "num":1006 }, { "name":"东莞市", "num":501 }, { "name":"佛山市", "num":818 }, { "name":"惠州市", "num":192 }, .. { "name":"云浮市", "num":27 }]

我们可以把 region 设置为各个省份,进而获取各市的公园数量。值得注意的是,由于四大直辖市(北京市、上海市、天津市、重庆市)、香港特别行政区和澳门特别行政区一个城市便是省级行政单位,因此 region 设置的省份不包含这些特殊省级行政单位。

```python
#!/usr/bin/python
# coding: UTF-8
import requests
import json

def getjson(loc, page_num = 0):
    ... #同上面的getjson函数相同

province_list = ['江苏省','浙江省','广东省','福建省','山东省','河南省','河北省','四川省','辽宁省','云南省','湖南省','湖北省','江西省','安徽省','山西省','广西壮族自治区','陕西省','黑龙江省','内蒙古自治区','贵州省','吉林省','甘肃省','新疆维吾尔自治区','海南省','宁夏回族自治区','青海省','西藏自治区']
for eachprovince in province_list:
    decodejson = getjson(eachprovince)
    for eachcity in decodejson['results']:
        city = eachcity['name']
        num = eachcity['num']
        output = '\t'.join([city, str(num)]) + '\r\n'
        with open('cities.txt', "a+" , encoding='UTF-8') as f:
            f.write(output)
            f.close()
```

输出的结果如图 16-5 所示。

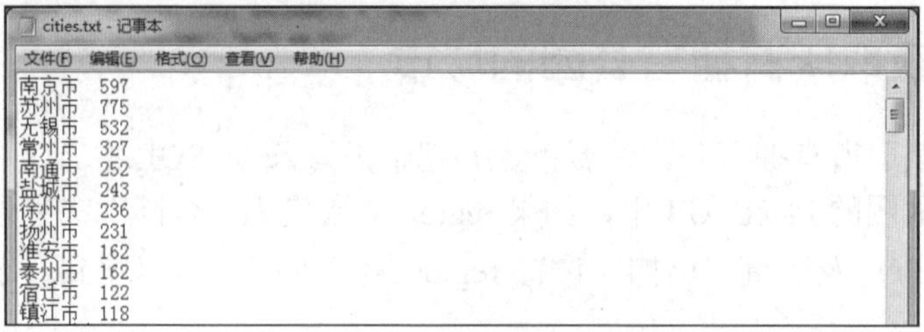

图 16-5　显示输出的结果

我们还要获取 4 个直辖市和香港特别行政区、澳门特别行政区的数据（本实例未对台湾地区进行统计）。使用下面的代码可以获取这 6 个城市的公园数量，并存储至 cities.txt。

```
import requests
import json
def getjson(loc, page_num = 0):
    ... #与上面的getjson函数相同

decodejson = getjson('全国')
six_cities_list = ['北京市','上海市','重庆市','天津市','香港特别行政区','澳门特别行政区']
for eachprovince in decodejson['results']:
    city = eachprovince['name']
    num = eachprovince['num']
    if city in six_cities_list:
        output = '\t'.join([city, str(num)]) + '\r\n'
        with open('cities.txt', "a+" , encoding='UTF-8') as f:
            f.write(output)
            f.close()
```

输出到 cities.txt 的结果如图 16-6 所示。

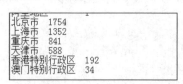

图 16-6　输出的结果

16.3.2　获取所有城市的公园数据

在从各个城市获取公园的数据之前，需要在 MySQL 数据库中创建一个 baidumap 数据库，用来存放所有数据。打开 MySQL 8.0 Command Line Client –

Unicode，输入：

```
CREATE DATABASE baidumap;
```

然后，需要在 baidumap 数据库中创建一个 city 的数据表格，用来存放所有城市的公园数据。这个表格里面的变量有哪些呢？可以在浏览器中打开一个查询北京的公园的地址：http://api.map.baidu.com/place/v2/search?q=公园&region=北京&scope=2&page_size=20&page_num=0&output=json&ak=你的 ak，如图 16-7 所示。

```
"results":[
    {
        "name":"颐和园",
        "location":{
            "lat":39.998475,
            "lng":116.27487
        },
        "address":"北京市海淀区新建宫门路19号",
        "street_id":"2a7a25ecf9cf13636d3e1bad",
        "telephone":"010-62881144",
        "detail":1,
        "uid":"2a7a25ecf9cf13636d3e1bad",
        "detail_info":{
            "tag":"旅游景点;风景区",
            "type":"scope",
            "detail_url":"http://api.map.baidu.com/place/detail?uid=2a7a25ecf9cf13636d3e1bad&output=html&source=placeapi_v2",
            "price":"30",
            "overall_rating":"3.5",
            "image_num":"219",
            "comment_num":"2239"
        }
    }
```

图 16-7　查询北京的公园

在图 16-7 中，公园的变量有：city、park、location_lat、location_lng、address、street_id、telephone、detail、uid、tag、type、detail_url、price、overall_rating、image_num、comment_num。为了避免数据存储的重复，公园的详细信息会在另一个表保存，这个表主要用来存放城市的公园名称，所以这个名为 city 的数据表的变量有：city、park、location_lat、location_lng、address、street_id、uid。

我们可以使用 Python 的 mysqlclient 库来操作 MySQL 数据库，在 baidumap 数据库中加入这个表格。

```
#coding=utf-8
import pymysql

db = pymysql.connect("localhost","root","password","baidumap")
cursor = db.cursor()

sql = """CREATE TABLE city (
        id INT NOT NULL AUTO_INCREMENT,
        city VARCHAR(200) NOT NULL,
        park VARCHAR(200) NOT NULL,
```

```
            location_lat FLOAT,
            location_lng FLOAT,
            address VARCHAR(200),
            street_id VARCHAR(200),
            uid VARCHAR(200),
            created_time TIMESTAMP DEFAULT CURRENT_TIMESTAMP,
            PRIMARY KEY (id)
            );"""
cursor.execute(sql)
db.commit()
db.close()
```

接下来爬取每个城市的公园数据，并将其加入 city 数据表中，代码如下：

```
import requests
import json
import pymysql
import time

db = pymysql.connect("localhost","root","password","baidumap")
cursor = db.cursor()

def getjson(loc,page_num):
    headers = {'User-Agent' : 'Mozilla/5.0 (Windows; U; Windows NT 6.1; en-US; rv:1.9.1.6) Gecko/20091201 Firefox/3.5.6'}
    pa = {
        'q': '公园',
        'region': loc,
        'scope': '2',
        'page_size': 20,
        'page_num': page_num,
        'output': 'json',
        'ak': 'DDtVK6HPruSSkqHRj5gTk0rc'}
    r = requests.get("http://api.map.baidu.com/place/v2/search", params=pa, headers= headers)
    decodejson = json.loads(r.text)
    time.sleep(1)
    return decodejson

for eachcity in city_list:
    not_last_page = True
    page_num = 0
    while not_last_page:
        decodejson = getjson(eachcity, page_num)
```

```
            print (eachcity, page_num)
            if decodejson['results']:
                for eachone in decodejson['results']:
                    try:
                        park = eachone['name']
                    except:
                        park = None
                    try:
                        location_lat = eachone['location']['lat']
                    except:
                        location_lat = None
                    try:
                        location_lng = eachone['location']['lng']
                    except:
                        location_lng = None
                    try:
                        address = eachone['address']
                    except:
                        address = None
                    try:
                        street_id = eachone['street_id']
                    except:
                        street_id = None
                    try:
                        uid = eachone['uid']
                    except:
                        uid = None
                    sql = """INSERT INTO baidumap.city
                    (city, park, location_lat, location_lng, address, street_id, uid)
                    VALUES
                    (%s, %s, %s, %s, %s, %s, %s);"""

                    cursor.execute(sql, (eachcity, park, location_lat, location_lng, address, street_id, uid,))
                    db.commit()
                page_num += 1
            else:
                not_last_page = False
    cursor.close()
    db.close()
```

在上述代码中，首先从 TXT 文件中获取城市列表，并加入 city_list 中，然后使用循环对每一个城市、每一个页面进行抓取。将获取的数据用 INSERT 的方法加入 baidumap.city 数据表中。

值得注意的是，因为有一些变量在某些公园缺失（如有些公园没有街道 id （street_id）），所以需要使用 try...except 的方法，如果在 decodejson 中并没有该变量，就会将 None（空值）赋予该变量。

执行完成后，可以在 MySQL 的 Workbench 查看数据，输入如下代码：

```
SELECT * FROM baidumap.city;
```

得到的数据表格详情如图 16-8 所示。

id	city	park	location_lat	location_lng	address	street_id	uid
1	南京市	玄武湖公园	32.0786	118.8	南京市玄武区玄武巷1号(近洞庭路)	6265d58ddc79ad61df1e5286	6265d58ddc79ad61df1e5286
2	南京市	珍珠泉公园	32.1281	118.665	南京市浦口区珍珠街178号	f633606a1b34ba4e0b69d9fc	f633606a1b34ba4e0b69d9fc
3	南京市	红山森林动物园	32.0988	118.809	江苏省南京市红山路153号	610ee7c0a14acf654e5547a0	03ff6e2ecd84c091bea24001
4	南京市	古林公园	32.0725	118.76	江苏省南京市鼓楼区虎踞北路21号	c8b5cdefee5cd91a130daa75	c8b5cdefee5cd91a130daa75
5	南京市	金牛湖公园	32.4755	118.975	金牛湖景区58号	34e48508f7e105e2d9d891e0	34e48508f7e105e2d9d891e0

图 16-8　数据表格详情

16.3.3　获取所有公园的详细信息

baidumap 数据库已经有了 city 这个表格，存储了所有城市的公园数据。但是这些数据属于比较粗略的公园数据，接下来我们将利用百度地图的 Place 详情检索服务获取每一个公园的详情。

例如，查询南京玄武湖公园的详细信息，玄武湖公园的 uid 是 6265d58ddc79ad61df1e5286，于是在浏览器地址栏输入：http://api.map.baidu.com/place/v2/detail?uid=6265d58ddc79ad61df1e5286&output=json&scope=2&ak=你的 ak。

得到的结果除了一般的信息，还包括如图 16-9 所示的信息。

```
            ],
            "shop_hours":"平日：06:00~18:00节假日：06:00~20:00",
            "alias":"$南京市玄武湖公园$玄武湖风景区$玄武湖景区",
            "scope_type":"湖泊",
            "scope_grade":"AAAA",
            "description":"玄武湖古名桑泊中国最大的皇家园林湖泊,当代仅存的江南皇家园林.位于南京城中
洲,二为樱洲,三为菱洲,四为梁洲,五为翠洲。江南三大名湖之一,是江南最大的城内公园,被誉为"金陵明珠
地,1909年辟为公园,时称五洲公园。玄武湖方圆近五里,分作五洲,洲洲堤桥相通,浑然一体,处处有山有水,
人。"
            }
```

图 16-9　显示公园的详细信息

我们可以在 MySQL 中创建一个表格 park，用来存放公园的详细信息。

下面使用 Python 的 mysqlclient 操作 MySQL Server 创建表格 park，代码如下：

```
#coding=utf-8
import pymysql

db = pymysql.connect("localhost","root","password","baidumap")
cursor = db.cursor()
sql = """CREATE TABLE park (
        id INT NOT NULL AUTO_INCREMENT,
        park VARCHAR(200) NOT NULL,
        location_lat FLOAT,
        location_lng FLOAT,
        address VARCHAR(200),
        street_id VARCHAR(200),
        telephone VARCHAR(200),
        detail INT,
        uid VARCHAR(200),
        tag VARCHAR(200),
        type VARCHAR(200),
        detail_url VARCHAR(800),
        price INT,
        overall_rating FLOAT,
        image_num INT,
        comment_num INT,
        shop_hours VARCHAR(800),
        alias VARCHAR(800),
        keyword VARCHAR(800),
        scope_type VARCHAR(200),
        scope_grade VARCHAR(200),
        description VARCHAR(9000),
        created_time TIMESTAMP DEFAULT CURRENT_TIMESTAMP,
        PRIMARY KEY (id)
        );"""
cursor.execute(sql)
db.commit()
db.close()
```

创建好数据表 park 后，就可以使用 Python 获取公园的详细信息了。首先，我们要把之前获取的 uid 提取出来。代码如下：

```
import requests
import json
import pymysql
import time

db = pymysql.connect("localhost","root","password","baidumap")
```

```
cursor = db.cursor()
sql = "Select uid from baidumap.city where id > 0;"

cursor.execute(sql)
db.commit()
results = cursor.fetchall()
```

这里需要从 baidumap.city 表格中获取所有的 uid，这用到了 SQL 命令：Select uid from baidumap.city where id > 0，然后用到了 cur.fetchall()方法，可以接收全部返回的结果行。

接下来，我们就需要使用 uid 获取每一个公园的详细信息了。代码如下：

```
import requests
import json
import pymysql
import time

db = pymysql.connect("localhost","root","password","baidumap")
cursor = db.cursor()
sql = "Select uid from baidumap.city where id > 0;"
cursor.execute(sql)
db.commit()
results = cursor.fetchall()

def getjson(uid):
    headers = {'User-Agent' : 'Mozilla/5.0 (Windows; U; Windows NT 6.1; en-US; rv:1.9.1.6) Gecko/20091201 Firefox/3.5.6'}
    pa = {
        'uid': uid,
        'scope': '2',
        'output': 'json',
        'ak': 'DDtVK6HPruSSkqHRj5gTk0rc'
    }
    r = requests.get("http://api.map.baidu.com/place/v2/detail", params=pa, headers= headers)
    time.sleep(1)
    decodejson = json.loads(r.text)
    return decodejson

for row in results:
    uid = row[0]
    decodejson = getjson(uid)
    print (uid)
```

```
        info = decodejson['result']
        try:
            park = info['name']
        except:
            park = None
        try:
            key_words = ''
            key_words_list = info['detail_info']['di_review_keyword']
            for eachone in key_words_list:
                key_words = key_words + eachone['keyword'] + '/'
        except:
            key_words = None
#...中间省略了一些变量
        sql = """INSERT INTO baidumap.park
        (park, location_lat, location_lng, address, street_id, uid,
telephone, detail, tag, detail_url, type, overall_rating, image_num,
        comment_num, keyword, shop_hours, alias, scope_type,
scope_grade, description)
        VALUES
        (%s, %s, %s, %s, %s, %s, %s, %s, %s, %s, %s, %s, %s, %s, %s,
%s, %s, %s, %s, %s);"""

        cursor.execute(sql, (park, location_lat, location_lng, address,
street_id, uid, telephone, detail, tag, detail_url,
                    type, overall_rating, image_num, comment_num,
key_words, shop_hours, alias, scope_type, scope_grade, description,))
        db.commit()
    cursor.close()
    db.close()
```

首先需要从 baidumap.city 表格中获取所有的 uid, 这里用到了 SQL 命令: Select uid from baidumap.city where id > 0, 然后用到了 cur.fetchall()方法, 可以接收全部返回的结果行。

对于每一个结果, 使用 uid 到函数 getjson()获取数据, 然后执行 SQL 语句, 并插入表格 baidumap.park 中。

执行完成后, 我们可以在 MySQL 的 Workbench 查看数据, 输入:

```
SELECT * FROM baidumap.park;
```

得到的数据表格详情如图 16-10 所示。

id	park	location_lat	location_lng	address	street_id	telephone
1	玄武湖公园	32.0786	118.8	南京市玄武区玄武巷1号(近洞庭路)	6265d58ddc79ad61df1e5286	025-83614286
2	珍珠泉公园	32.1281	118.665	南京市浦口区珍珠街178号	f633606a1b34ba4e0b69d9fc	(025)58601545
3	红山森林动物园	32.0988	118.809	江苏省南京市红山路153号	610ee7c0a14acf654e5547a0	(025)85518101
4	古林公园	32.0725	118.76	江苏省南京市鼓楼区虎踞北路21号	c8b5cdefee5cd91a130daa75	(025)83700646
5	金牛湖公园	32.4785	118.975	金牛湖景区58号	34e48508f7e105e2d9d891e0	(025)57566968

_num	comment_num	shop_hours	alias	keyword	scope_type	scope_grade	description	created_time
	991	平日: 06:00~	$南京市玄武...	风景优美/环境...	湖泊	AAAA	玄武湖古名桑泊中国...	2017-04-05 00:53:33
	81	珍珠泉风景区...	$珍珠泉$珍...	风景还行/环境...	山岳/山岭	AAAA	珍珠泉旅游度假区占...	2017-04-05 00:53:33
	140	3月-10月: 7:...	$南京红山森...	环境很好/风景...	动植物园	AAAA	红山森林动物园由南...	2017-04-05 00:53:33
	16	NULL	古林公园(虎...	环境不错/店内...	公园	NULL	古林公园位于南京清...	2017-04-05 00:53:33
	97	NULL	$金牛湖$金...	湖面好/风景优...	湖泊	AAA	江苏经典民歌茉莉花...	2017-04-05 00:53:33

图 16-10 使用 MySQL 获取数据

本次抓取获得了所有公园的详细信息,并存入了表 park 中。

16.4 总结

本章实践了如何使用 API 获取数据,以及如何解析 JSON 数据并将数据存储到 MySQL 中。如果还想通过 API 获取其他数据,百度地图的 API 拥有丰富的餐馆、房地产等数据,可以尝试使用本章的方法获取。

第 17 章

爬虫实践四：畅销书籍

我们平时去在购买书籍之前，总喜欢看看畅销的书籍有哪些，别人的评价怎么样，再决定是否购买。亚马逊电商网站最早就是从卖书做起的，所以本章选择亚马逊作为案例来获取畅销书榜单的数据，以及相应的评论数据。

本章为爬取亚马逊数据的实践项目，所采用的技术包括：

- 使用 Selenium 爬取网站
- 使用 BeautifulSoup 解析网页
- 数据存储至 CSV 文件

17.1 项目描述

本项目的目标是爬取亚马逊中国网站的书籍信息。首先使用 Selenium 获取网页的信息，然后使用 BeautifulSoup 解析网页中的数据，最终将数据存储至 CSV 文件中。

本项目的数据获取分为三步：

（1）获取亚马逊的总体图书销售榜。
（2）获取亚马逊图书各个分类的销售榜。
（3）进入每本书的网页，获取书籍的评论。

亚马逊中国图书销售榜的地址为 https://www.amazon.cn/gp/bestsellers/books/ref=sv_b_3，如图 17-1 所示。

图 17-1　亚马逊图书销售榜

17.2 网站分析

首先打开亚马逊图书销售榜，发现第一页只加载了 50 本图书。如果需要爬取后面排名的图书，要单击"下一页"换页，最多只有两页。从第一页翻页到第二页，第二页的网址是 https://www.amazon.cn/gp/bestsellers/books/ref=zg_bs_pg_2?ie=UTF8&pg=2。单击回第一页，我们发现第一页的地址是：

https://www.amazon.cn/gp/bestsellers/books/ref=zg_bs_pg_1?ie=UTF8&pg=1

其实，网址有两个变化：一是 zg_bs_pg_1 变成了 zg_bs_pg_2，二是 pg=1 变成了 pg=2。因此，只需做这两个变换，就可以循环爬取销售排行榜了。

此外，我们还可以通过 Chrome 浏览器的"检查"功能找到想要的数据地址，如图 17-2 所示。可以发现，所有的图书都在一个 id 为 zg-ordered-list 的 ol 中，我们可以从中提取图书的数据。

图 17-2 利用"审查元素"功能查找想要的数据地址

第二步，我们要获取所有分类的排行榜，所以在左侧用 Chrome 浏览器的"审查元素"功能可以发现，所有的分类在一个 id 为 zg_browseRoot 的 ul 中，如图 17-3 所示。

图 17-3 获取所有分类的地址

在第三步中，当我们单击进入一本图书的评论页面后，可以获取该图书的所有评论。使用 Chrome 浏览器的"审查元素"功能可以发现，所有的评论都在一个 id 为 cm_cr-review_list 的 div 中，如图 17-4 所示。

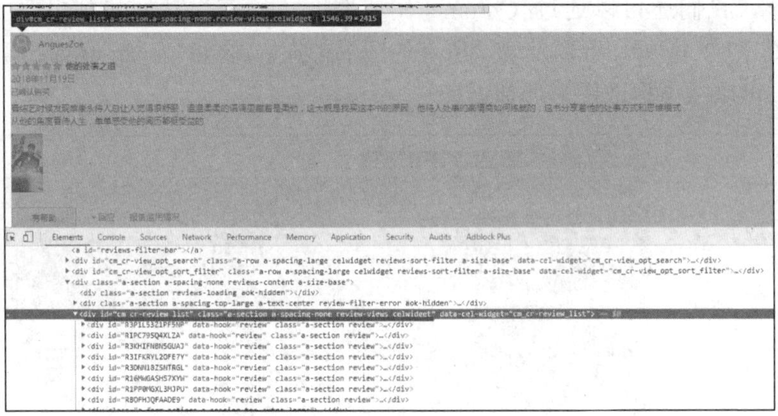

图 17-4　获取该图书的评论

17.3　项目实施

本项目的实施分为以下三步：

（1）获取亚马逊的总体图书销售榜，并存储至 CSV 文件中。
（2）获取亚马逊图书各个分类的销售榜，并存储至 CSV 文件中。
（3）进入每本书的网页，获取书籍的评论，并存储至 CSV 文件中。

17.3.1　获取亚马逊的图书销售榜列表

首先使用 Selenium 打开亚马逊中国的图书销售榜页面，代码如下：

```
from selenium import webdriver
driver = webdriver.Firefox()
driver.get("https://www.amazon.cn/gp/bestsellers/books")
```

运行之后，程序报错：

selenium.common.exceptions.WebDriverException: Message: 'geckodriver' executable needs to be in PATH.

第 17 章 爬虫实践四：畅销书籍

在 Selenium 之前的版本中，这样做是不会报错的，但是 Selenium 新版无法运行。我们要下载 geckodriver，可以到 https://github.com/mozilla/geckodriver/releases 下载相应操作系统的 geckodriver，这是一个压缩文件，解压后可以放在桌面，如 C:\Users\santostang\Desktop\geckodriver.exe。最后的代码如下：

```
from selenium import webdriver

driver = webdriver.Firefox(executable_path = r'C:\Users\santostang\Desktop\geckodriver.exe')
#把上述地址改成你电脑中geckodriver.exe程序的地址
driver.get("https://www.amazon.cn/gp/bestsellers/books")
```

为了加快加载过程，还可以采用限制加载图片和 JavaScript 的方法。加入限制加载图片和 JavaScript 的方法后，代码如下：

```
from selenium import webdriver

fp = webdriver.FirefoxProfile()
fp.set_preference("permissions.default.image",2)
fp.set_preference("javascript.enabled", False)
driver = webdriver.Firefox(executable_path = r'C:\Users\santostang\Desktop\geckodriver.exe', firefox_profile = fp)
#把上述地址改成你电脑中Firefox程序的地址

driver.get("https://www.amazon.cn/gp/bestsellers/books")
```

通过此方法得到的网站情况如图 17-5 所示。

图 17-5　限制加载图片和 JavaScript

我们可以尝试从数据中提取需要的数据，包括图书标题、作者、星级、评论数、评论地址、价格等。在下面的代码中，定义了一个函数 outputOneResult，该函数使用 BeautifulSoup 提取数据。

```
    def outputOneResult(soup, output_list, category):
        ol = soup.find('ol', id='zg-ordered-list')
        for item in ol.find_all("li"):
            try: #提取排名
                rank = item.find("span", class_='zg-badge-text').text.strip()
                rank = rank.replace("#", "")
            except:
                rank = ""
            try: #提取标题
                title = item.find("div", class_='p13n-sc-truncated').text.strip()
            except:
                title = ""
            try: #提取链接
                link = "https://www.amazon.cn"+ item.find("a", class_='a-link-normal')["href"]
            except:
                link = ""
            try: #提取作者
                name = item.find("div", class_='a-row a-size-small').text.strip()
            except:
                name = ""
            try: #提取星级
                star = item.find("span", class_='a-icon-alt').text.strip()
                star = star.replace("平均", "").replace("星","").replace(" ","")
            except:
                star = ""
            try: #提取评论数
                comment = item.find("a", class_='a-size-small a-link-normal').text.strip()
                comment = comment.replace(",", "")
            except:
                comment = ""
            try: #提取评论链接
                commentlink = "https://www.amazon.cn"+ item.find("a",
```

```
class_='a-size-small a-link-normal')["href"]
        except:
            commentlink = ""
        try:  #提取价格
            price = item.find("span", class_='p13n-sc-
price').text.strip()
            price = price.replace("¥", "")
        except:
            price = ""
        if title != "":
            output_list.append([rank, title, category, link, name,
star ,comment, commentlink, price])
    return output_list
```

在上述函数中，首先使用 ol=soup.find('ol', id='zg-ordered-list')找到了所有的图书信息，然后保存在变量 ol 中。接下来使用循环提取想要的餐厅信息，并加入 output_list 列表中。值得注意的是，提取星级的时候，由于结果是一个字符串，所以要使用 star.replace("平均", "").replace("星","").replace(" ",""), 把其他无用字符都替换掉，最后剩下的是数字。

如果需要把两页的数据都提取出来，相应的代码如下：

```
from bs4 import BeautifulSoup
import csv
import time
from selenium import webdriver

fp = webdriver.FirefoxProfile()
fp.set_preference("permissions.default.image",2)
fp.set_preference("javascript.enabled", False)
driver = webdriver.Firefox(executable_path =
r'C:\Users\santostang\Desktop\geckodriver.exe', firefox_profile = fp)
#把上述地址改成你电脑中Firefox程序的地址

for i in range(1,3):
    link =
"https://www.amazon.cn/gp/bestsellers/books/ref=zg_bs_pg_" + str(i) +
"?ie=UTF8&pg=" + str(i)
    driver.get(link)
    driver.implicitly_wait(30)
    soup = BeautifulSoup(driver.page_source, "lxml")
    
    output_list =[]
    output_list = outputOneResult(soup, output_list, "总体")
```

```
        print (output_list)

    with open('book_list.csv', 'a+', newline='', encoding='utf-8') as csvfile:
        spamwriter = csv.writer(csvfile,dialect='excel')
        spamwriter.writerows(output_list)
    time.sleep(2)
```

根据第 4 章介绍的方法，我们采用隐性等待方法 implicitly_wait(xx)，它会设置一个最长等待时间，如果在规定时间内网页加载完成，就执行下一步，否则一直等到时间截止再执行下一步。此外，还可以采用限制加载图片和 JavaScript 的方法，以加快加载过程。

在上述代码中，我们使用一个循环来爬取第一页和第二页，在每次爬取后，数据都会输入 output_list 中。最后把数据写入 CSV 中。

在成功执行爬虫程序后，得到的数据如图 17-6 所示。

图 17-6　爬虫后得到的数据

17.3.2　获取所有分类的销售榜

需要获取所有分类的销售榜，我们要经过如下两步：

（1）获取所有分类的销售榜地址。
（2）获取各个销售榜里的图书信息。

虽然分成了两个步骤，但是获取销售榜的图书信息我们刚刚已经获取了总体销售榜的图书信息，所有我们可以把刚刚的代码封装成一个函数。这样的话，后续获取各个销售榜的图书信息的时候，就可以直接调用了。代码如下：

```
def getBookInfo(category_id, category_name)
    for i in range(1,3):
```

```
        link = "https://www.amazon.cn/gp/bestsellers/books/" +
str(category_id) + "/ref=zg_bs_pg_" + str(i) + "?ie=UTF8&pg=" + str(i)
        driver.get(link)
        driver.implicitly_wait(30)
        soup = BeautifulSoup(driver.page_source, "lxml")

        output_list =[]
        output_list = outputOneResult(soup, output_list,
category_name)
        print (output_list)

        with open('book_list.csv', 'a+', newline='', encoding='utf-
8') as csvfile:
            spamwriter = csv.writer(csvfile,dialect='excel')
            spamwriter.writerows(output_list)
        time.sleep(2)
```

上述代码其实将之前的代码封装成了一个函数，并做了一点小改动。因为分类排行榜的链接地址和总体排行榜的链接地址还是有不同之处的：会在中间加入分类 ID，例如：https://www.amazon.cn/gp/bestsellers/books/658394051/ref=zg_bs_pg_2?ie=UTF8&pg=2，所以要修改爬取的链接。另外还要写入相应的分类名称。

接下来，我们就需要获取每个分类排行榜的图书详细信息了。代码如下：

```
from bs4 import BeautifulSoup
import csv
import time
from selenium import webdriver

fp = webdriver.FirefoxProfile()
fp.set_preference("permissions.default.image",2)
fp.set_preference("javascript.enabled", False)
driver = webdriver.Firefox(executable_path =
r'C:\Users\santostang\Desktop\geckodriver.exe', firefox_profile = fp)
#把上述地址改成你电脑中 Firefox 程序的地址
driver.get("https://www.amazon.cn/gp/bestsellers/books")

soup = BeautifulSoup(driver.page_source, "lxml")
# 获取各个分类的排行榜
for each in soup.find("ul",
id="zg_browseRoot").ul.ul.find_all("li"):
    # 提取分类的链接和名称
    link = each.a["href"]
    category_id = link.split("/")[6]
```

```
        category_name = each.a.text
        print (link, category_id, category_name)
        #调用函数
        getBookInfo(category_id, category_name)
```

上述代码首先进入总销售排行榜的网页，使用 soup.find("ul", id="zg_browseRoot").ul.ul.find_all("li") 提取分类的链接和名称，然后调用函数 getBookInfo()来将各分类排行榜的图书详细信息存入 CSV 中。

在成功执行爬虫程序后，得到的数据如图 17-7 所示。

	A	B	C	D	E	F	G	H	I
101	1	余华：第七天（2018版，比《活	文学	https://www.amazon.cn/dp/B07G71HCDC/re	余华	4.3	2120	https://www.amazon.cn/product-reviews/B07	23.7
102	2	江国香织：下雨天一个人在家（	文学	https://www.amazon.cn/dp/B07H4LHG9R/re	江国香织	3.2	6	https://www.amazon.cn/product-reviews/B07	14.29
103	3	那不勒斯四部曲（全球畅销近千	文学	https://www.amazon.cn/dp/B07HSWT241/re	埃莱娜·费兰	3.9	10	https://www.amazon.cn/product-reviews/B07	114
104	4	全民自黑的英国：其实是一本全	文学	https://www.amazon.cn/dp/B07HQCW97T/r	比尔·布莱森	3.2	5	https://www.amazon.cn/product-reviews/B07	14.99
105	5	罗生门	文学	https://www.amazon.cn/dp/B073LJR2JF/ref=	芥川龙之介	3.9	158	https://www.amazon.cn/product-reviews/B07	23.94
106	6	鲁迅文学全集（共7册）(一字未	文学	https://www.amazon.cn/dp/B07HJVRDS8/ref	鲁迅	3.5	3	https://www.amazon.cn/product-reviews/B07	19.99
107	7	我曾悲伤地爱过这个世界:纪伯伦	文学	https://www.amazon.cn/dp/B07HRGFZTK/re	哈利勒·纪伯	5	14	https://www.amazon.cn/product-reviews/B07	23.65
108	8	青青陌上桑（畅销书作家陆观澜	文学	https://www.amazon.cn/dp/B07GKWPZJ9/re	陆观澜	4.6	39	https://www.amazon.cn/product-reviews/B07	8.99
109	9	读客经典文库:漫长的告别	文学	https://www.amazon.cn/dp/B07GW2LWSG/r	雷蒙德•钱	4.6	93	https://www.amazon.cn/product-reviews/B07	44.85
110	10	大美人（数次蝉联美国亚马逊kin	文学	https://www.amazon.cn/dp/B07HDXVC85/re	詹姆斯·哈金	5	1	https://www.amazon.cn/product-reviews/B07	15.99
111	11	局外人(诺贝尔文学奖60周年纪念	文学	https://www.amazon.cn/dp/B074BNFY1H/ref	加缪	4.3	107	https://www.amazon.cn/product-reviews/B07	25.07
112	12	黑暗诱惑(美国亚马逊年度推荐书	文学	https://www.amazon.cn/dp/B07HDYJNL6/ref	劳瑞斯·安妮·怀特				15.99
113	13	读客经典文库：包法利夫人（直	文学	https://www.amazon.cn/dp/B07GR2TNZ6/re	福楼拜	4.5	2	https://www.amazon.cn/product-reviews/B07	9.99
114	14	世界经典悬念小说大合集(套装共	文学	https://www.amazon.cn/dp/B07JVFQYT1/ref	柯南·道尔				49.98
115	15	烟火人间(老舍经典作品精选集纪	文学	https://www.amazon.cn/dp/B076M6H62K/re	老舍	4.5	46	https://www.amazon.cn/product-reviews/B07	25.07
116	16	无出路咖啡馆(严歌苓以自己与丈	文学	https://www.amazon.cn/dp/B07HVRDGJ5/re	严歌苓				5.99
117	17	一百个人的十年	文学	https://www.amazon.cn/dp/B07G7197MG/re	冯骥才	4.4	222	https://www.amazon.cn/product-reviews/B07	14.99
118	18	读客经典文库：枕草子（日本随	文学	https://www.amazon.cn/dp/B07JFXQFYY/ref	清少纳言				9.99
119	19	山川岁月长	文学	https://www.amazon.cn/dp/B07GW3N4N7/r	蒋勋	5	15	https://www.amazon.cn/product-reviews/B07	31.37
120	20	山河故人	文学	https://www.amazon.cn/dp/B07C5H8DTP/re	汪曾祺	4.8	6	https://www.amazon.cn/product-reviews/B07	27.39

图 17-7　各个分类排行榜的图书信息

17.3.3 获取图书的评论

要获取图书的详细评论，首先我们需要读取刚刚的 CSV，提取书籍名称和评论地址。代码如下：

```
import csv
with open('book_list.csv', encoding = 'utf-8') as f:
    csv_file = csv.reader(f)
    link_list = [[row[1],row[7]] for row in csv_file]
    print (link_list)
```

上述代码使用 CSV 读取之前的图书列表。在这里，我们使用 link_list = [[row[1],row[7]] for row in csv_file]的方法，能够快速获取列表的数据并提取第 2 行书籍名称和第 8 行评论地址，得到的结果如下：

[['薛兆丰经济学讲义',
'https://www.amazon.cn/product-reviews/B07FDT8P6C/ref=zg_bs_books_cr_1/460-2323606-4620969?ie=UTF8&refRID=QFDHJ0EDBTBHGGKYQ32R'],…]

接下来获取图书评论，以下代码只获取第一页的评论，如果读者有兴趣获取后面页面的评论，可以自己研究一下。

```python
from selenium import webdriver
from selenium.webdriver.support.wait import WebDriverWait
from selenium.webdriver.support import expected_conditions as EC
from selenium.webdriver.common.by import By

fp = webdriver.FirefoxProfile()
fp.set_preference("permissions.default.image",2)
fp.set_preference("javascript.enabled", False)
driver = webdriver.Firefox(executable_path = r'C:\Users\santostang\Desktop\geckodriver.exe', firefox_profile = fp)
#把上述地址改成你电脑中 Firefox 程序的地址

for eachbook in link_list:
    book_title = eachbook[0]
    link = eachbook[1]
    if link != "":
        output_list = []
        driver.get(link)
        locator = (By.ID, 'cm_cr-review_list')
        WebDriverWait(driver, 20, 0.5).until(EC.presence_of_element_located(locator))

        soup = BeautifulSoup(driver.page_source, "lxml")

        for each in soup.find("div", id="cm_cr-review_list").find_all("div", class_="review"):
            name = each.find("span", class_="a-profile-name").text
            star = each.find("span", class_="a-icon-alt").text
            star = star.replace(" 颗星，最多 5 颗星", "")
            title = each.find("a", class_="review-title").text
            date = each.find("span", class_="review-date").text
            review = each.find("span", class_="review-text").text
            print (book_title, title)
            output_list.append([book_title, name, star, title, date, review])

        with open('book_review.csv', 'a+', newline='', encoding='utf-8') as csvfile:
            spamwriter = csv.writer(csvfile,dialect='excel')
            spamwriter.writerows(output_list)
        time.sleep(2)
```

上述代码爬取相应的图书页面，使用 BeautifulSoup 获取相应的评论数据。最后，把数据写入 CSV 文件中，得到 book_review.csv 文件。

我们遍历图书的链接地址，因为有一些图书并没有评论，所以要加上一个判断：if link != "":，只爬取那些有评论的图书。

但是运行上述代码的时候，如果没加入等待的话，爬取第一个图书地址时就会报错。报错结果为 soup.find(class_="cm_cr-review_list")是一个 NoneType，也就是说，HTML 数据还没有加载出来评论的标签就开始提取数据了。

针对这个问题，Selenium 也有很好的方法解决。除了上述隐式等待 implicitly_wait(xx)，还可以使用显式等待 WebDriverWait，根据判断条件进行灵活的等待。主要的意思是：程序每隔 xx 秒看一眼，如果条件成立，就执行下一步，否则继续等待，直到超过设置的最长时间，然后抛出 TimeoutException。

首先，在代码开始处加入：

```
from selenium.webdriver.support.wait import WebDriverWait
from selenium.webdriver.support import expected_conditions as EC
from selenium.webdriver.common.by import By
```

这样可以导入 Selenium 库中相应的需要显式等待的部分，然后在 driver.get(link)后加入：

```
locator = (By.ID, 'cm_cr-review_list')
WebDriverWait(driver, 20, 0.5).until(EC.presence_of_element_located(locator))
```

这两行代码实现了显式等待，当 class 为 content 的元素出现后，程序才会继续向下执行。WebDriverWait 的意思是：WebDriverWait（driver，超时时长，调用频率，忽略异常）.until（可执行方法，超时时返回的信息）。

这里的 EC 使用了 Selenium 中的 expected_conditions。presence_of_element_located 用于判断验证元素是否出现，传入的参数都是元组类型的 locator，如 (By.ID, 'cm_cr-review_list')。因此，可以实现当 id 为 cm_cr-review_list 的元素出现后，程序才会继续执行显式等待。

执行完新的代码后，得到的数据结果如图 17-8 所示，这就是图书的评论，包括评论用户名、标题、时间等。

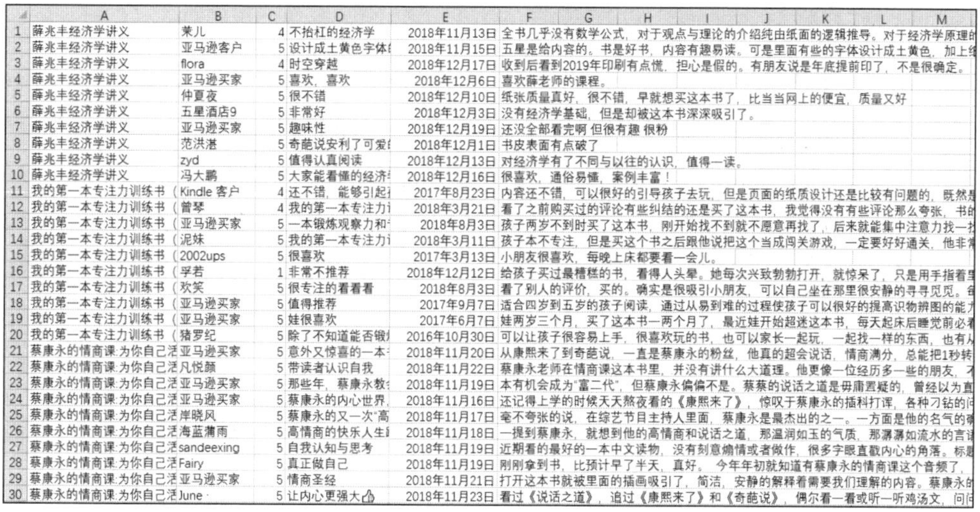

	A	B	C	D	E	F	G	H	I	J	K	L	M
1	薛兆丰经济学讲义	莱儿	4	不抬杠的经济学	2018年11月13日	全书几乎没有数学公式，对于观点与理论的介绍纯由纸面的逻辑推导。对于经济学原理							
2	薛兆丰经济学讲义	亚马逊客户	5	设计成土黄色字体	2018年11月15日	五星是给内容的。书是好书，内容有趣易读。可是里面有些的字体设计成土黄色，加上							
3	薛兆丰经济学讲义	flora	4	时空穿越	2018年12月17日	收到后看到2019年印刷有点慌，担心是假的。有朋友说是年底提前印了，不是很确定。							
4	薛兆丰经济学讲义	亚马逊买家	5	喜欢，喜欢	2018年12月6日	喜欢薛老师的课程。							
5	薛兆丰经济学讲义	仲夏夜	5	很不错	2018年12月10日	纸张质量真好，很不错，早就想买这本书了，比当当网上的便宜，质量又好							
6	薛兆丰经济学讲义	五星酒店9	5	非常好	2018年12月3日	没有经济学基础，但是却被这本书深深吸引了。							
7	薛兆丰经济学讲义	亚马逊买家	5	趣味性	2018年12月19日	还没全部看完啊 但很有趣 很粉							
8	薛兆丰经济学讲义	范洪湛	5	奇葩说安利了可爱	2018年12月1日	书皮表面有点破了							
9	薛兆丰经济学讲义	zyd	5	值得认真阅读	2018年12月13日	对经济学有了不同与以往的认识，值得一读。							
10	薛兆丰经济学讲义	冯大鹏	5	大家能看懂的经济	2018年12月16日	很喜欢，通俗易懂，案例丰富！							
11	我的第一本专注力训练书（	Kindle 客户	4	还不错，能够引起	2017年8月23日	内容还不错，可以很好的引导孩子去玩，但是页面的纸质设计还是比较有问题的，既然							
12	我的第一本专注力训练书（	曾琴	4	我的第一本专注力	2018年3月21日	看了之前购买过的评论有些纠结的还是买了这本书，我觉得没有有些评论那么夸张，书							
13	我的第一本专注力训练书（	亚马逊买家	5	一本锻炼观察力和	2018年8月3日	孩子两岁不到时买了这本书，刚开始找不到就不愿意再找了，后来就能集中注意力找一							
14	我的第一本专注力训练书（	泥妹	5	我的第一本专注力	2018年3月11日	孩子本不专注，但是买这个书之后跟他说把这个当成闯关游戏，一定要好好通关，他非							
15	我的第一本专注力训练书（	2002ups	5	很喜欢	2017年3月13日	小朋友很喜欢，每晚上床都要看一会儿。							
16	我的第一本专注力训练书（	孚若	1	非常不推荐	2018年12月12日	给孩子买过最糟糕的书，看得人头晕。她每次兴致勃勃打开，就惊呆了，只是用手指着							
17	我的第一本专注力训练书（	欢笑	5	很专注的看看看	2018年8月3日	看了别人的评价，买的。确实是很吸引小朋友，可以自己坐在那里很安静的寻寻觅觅。							
18	我的第一本专注力训练书（	亚马逊买家	5	值得推荐	2017年9月7日	适合四岁到五岁的孩子阅读，通过从易到难的过程使孩子可以很好的提高识物辨图的能							
19	我的第一本专注力训练书（	亚马逊买家	5	娃很喜欢	2017年6月7日	娃两岁三个月，买了这本书一两个月了，最近娃开始超迷这本书，每天起床后睡觉前必							
20	我的第一本专注力训练书（	猪罗纪	5	除了不知道能否锻	2016年10月30日	可以让孩子很容易上手，很喜欢玩的书，也可以家长一起玩，一起找一样的东西，也有							
21	蔡康永的情商课:为你自己活	亚马逊买家	5	意外又惊喜的一本	2018年11月20日	从康熙来了到奇葩说，一直是蔡康永的粉丝，他真的超会说话，情商满分，总能把1秒转							
22	蔡康永的情商课:为你自己活	凡悦颜	5	带读者认识自我	2018年11月22日	蔡康永老师在情商课这本书里，并没有讲什么大道理。他更像一位经历多一些的朋友，							
23	蔡康永的情商课:为你自己活	亚马逊买家	5	那些年，蔡康永教	2018年11月19日	本有机会成为"富二代"，但蔡康永偏偏不是。蔡蔡的说话之道是毋庸置疑的，曾经以为							
24	蔡康永的情商课:为你自己活	亚马逊买家	5	蔡康永的内心世界，	2018年11月16日	还记得上学的时候天天熬夜看的《康熙来了》，惊叹于蔡康永的插科打诨，各种刁钻的							
25	蔡康永的情商课:为你自己活	岸晓风	5	蔡康永的又一次"高	2018年11月17日	毫不夸张的说，在综艺节目主持人里面，蔡康永是最杰出的之一。一方面是他的名气的							
26	蔡康永的情商课:为你自己活	海蓝潇雨	5	高情商的快乐人生	2018年11月18日	一提到蔡康永，就想到他的高情商和说话之道，那温润如玉的气质，那潺潺如流水的言							
27	蔡康永的情商课:为你自己活	sandeexing	5	自我认知与思考	2018年11月19日	近期看的最好的一本中文读物，没有刻意煽情或者做作，很多字眼直戳内心的角落。标							
28	蔡康永的情商课:为你自己活	Fairy	5	真正做自己	2018年11月19日	刚刚拿到书，比预计早了半天，真好。 今年年初就知道有蔡康永的情商课这个音频了，							
29	蔡康永的情商课:为你自己活	亚马逊买家	5	情商圣经	2018年11月21日	打开这本书就被里面的插画吸引了，简洁，安静的解释着需要我们理解的内容。蔡康永							
30	蔡康永的情商课:为你自己活	June ·	5	让内心更强大👍	2018年11月23日	看过《说话之道》，追过《康熙来了》和《奇葩说》，偶尔看一看或听一听鸡汤文，问							

图 17-8　显示图书的评论信息

17.4 总结

如果本章的爬虫对你来说太简单，可以将多服务器或 Tor 爬虫与本章的内容结合起来，尝试一下更换 IP 的爬虫。如果你仍有兴趣，可以尝试模仿第 12 章的内容，将 Tor 爬虫和多线程技术结合起来。唯有多进行训练和实践，爬虫的功夫才能更上一层楼。